中国野生百合

李懿 著

吉林大学出版社

· 长春 ·

图书在版编目（CIP）数据

中国野生百合 / 李懿著 .— 长春 : 吉林大学出版社 , 2021. 11
ISBN 978-7-5692-9435-4

Ⅰ . ①中… Ⅱ . ①李… Ⅲ . ①野生植物 – 百合 – 介绍 – 中国
Ⅳ . ① S644.1

中国版本图书馆 CIP 数据核字 (2021) 第 225084 号

中国野生百合

ZHONGGUO YESHENG BAIHE

作　　者　李　懿　著
策划编辑　邵宇彤
责任编辑　赵黎黎
责任校对　单海霞
装帧设计　阅平方
出版发行　吉林大学出版社
社　　址　长春市人民大街 4059 号
邮政编码　130021
发行电话　0431–89580028/29/21
网　　址　http://www.jlup.com.cn
电子邮箱　jdcbs@jlu.edu.cn
印　　刷　定州启航印刷有限公司
开　　本　787mm×1092mm　1/16
印　　张　11.5
字　　数　203 千字
版　　次　2021 年 11 月第 1 版
印　　次　2021 年 11 月第 1 次
书　　号　ISBN 978-7-5692-9435-4
定　　价　69.00 元

百合花是世界知名观赏植物，世界四大切花之一，目前确认的野生百合共有117种，主要分布在北半球，尤其是东亚地区百合种类最多。我国是百合自然分布中心之一，有野生百合51种，19变种，百合种类之丰富居全球之冠。

笔者为阿坝师范学院资源与环境学院教师，阿坝师范学院所在的四川省阿坝州是我国野生百合主要分布地区之一，阿坝地区分布的野生百合有近20种，还有多种特有野生百合，比如，岷江百合、马塘百合。笔者研究百合多年，在研究过程中发现多数参考资料只配有手绘黑白图片，多数生物性状只有文字描述，对于普通百合爱好者而言，现存资料不够直观，于是决定编写一本图文并茂的专门介绍中国野生百合的图书，方便百合爱好者参阅。

在本书中，笔者较系统地介绍了百合属植物分类研究情况，百合的文化含义和利用价值，中外有关学者专家研究百合花的历史，中国野生百合的分布特征、生物性状和引种栽培情况，百合商业育种情况，百合的繁殖与种植技术，还介绍了几种国外著名野生百合。笔者根据百合属近代分类的原则，以组为单位举出其主要特征，以下再分别描写种或变种的产地、生态环境及形态特征等，扼要指出种之特点以便识别鉴定。全书共描述了中国野生百合的5个组：毛百合组、具叶柄组、喇叭花组、卷瓣组和轮叶组，共45种，并介绍了每种的相关变种情况，基本上反映了中国野生百合的全貌。本书对多数野生百合配有彩色花朵照片，使读者可以欣赏到中国野生百合多姿多彩的美；另外，对于部分野生百合，提供了叶片、鳞茎、蒴果、花粉和花被表皮细胞的彩色照片，使读者可以通过这些关键特征对这部分百合做以了解和鉴定。

本书适合百合爱好者和研究百合的研究人员阅读和参考。本书的编著者虽然均对百合情有独钟，力求编摄工作尽善尽美，但因学识浅陋，加之付梓匆促，疏谬错漏在所难免，敬请读者和园艺专家不吝指教，以便遵教修订，不胜感谢。

李懿

二〇二一年八月于汶川

目 录

一、百合概述

在生活中，我们说的"百合（The Lilies）"一词通常包括了百合科百合属的所有物种，以及所有人工培育的百合杂交品种。百合是在北半球温带地区广泛分布的一类单子叶草本植物，亚洲、欧洲和北美洲的大部分地区都有百合属物种分布；百合属物种的基本特征是"具覆瓦状鳞茎，没有被膜，鳞片肉质；有花被片 6 枚，雄蕊 6 根，子房3 室，每室有多枚胚珠；花柱柱头膨大，通常 3 裂；果为室背开裂的蒴果，种子很多，堆叠在一起"。百合通常生长于林地生境和草原生境，一般是有一定坡度排水良好的山地森林或草坡，少数可以在沼泽地中生存，目前发现只有两个种可以作为附生植物生活，分别是 *L. procumbens* 和 *L. eupetes*，它们都分布于越南。百合对人类食用是安全的，事实上在许多地方百合还被视为可以治疗人类疾病的草药，但有很多的研究表明，猫食用了某些种类的百合后会出现肾衰竭，在养猫环境如果有百合属植物，猫即使不舔食这些植物也存在中毒的可能性[1, 2]。

（一）百合的种类

关于野生百合的分类，接受较为广泛的系统是哈罗德·F·康伯（Harold Comber）于 1949 年在他的论文 "A new classification of the genus *Lilium*" 中提出的，在文中Harold Comber 将百合属划分为 7 个组，分别是：（1）轮叶组 Sect. Martagon；（2）根茎组 Sect. Pseudolirium；（3）百合组 Sect. Liriotypus；（4）具叶柄组 Sect. Archelirion；（5）卷瓣组 Sect. Sinomartagon；（6）喇叭花组 Sect. Leucolirion；（7）毛百合组 Sect. Daurolirion。我国分布的野生百合主要是轮叶组、卷瓣组、喇叭花组和毛百合组成员，具叶柄组有 1种野百合（*L. brownii*）分布，其他的具叶柄组百合主要分布在日本。此外，百合组百合主要分布在欧洲和西亚，根茎组百合主要分布在北美。Harold Comber 的分类主要是通过形态比较得出的。近年来，基于 ITS 序列和质体基因序列的比较分析，发现 Harold Comber 的分类存在很多不准确的地方。

到目前为止，英国邱园《世界植物检索名录》（Kew World Checklist of Selected Plant Families）网站承认的百合属物种共有 117 个种，27 个变种，6 个亚种；其中，中国分布有 51 个种，19 个变种（见表 1.1），这里面包括根据高云东等人的建议从豹子花属调入百合属的 4 个种 [3]。1980 年出版的《中国植物志》第 14 卷和 2000 年出版的 Flora of China VOL. 24 与邱园世界植物检索名录相比较，收录中国百合属物种的数量、种类和拉丁学名都有较大的差异；《中国植物志》第 14 卷收录中国百合属物种 36 个种，18 个变种；Flora of China VOL. 24 收录中国百合属物种 51 个种，20 个变种；有 6 种在 Flora of China VOL. 24 收录的百合被邱园《世界植物检索名录》认为是同物种异名，从而不予接受，有 3 种在 Flora of China VOL. 24 收录的百合的学名和邱园世界植物检索名录接受的学名不一致 [4]。存在这样的差异，一方面是因为前两部书成书时间较早，这些年不断有百合属的新种被发现、被报道；另一方面则是因为传统植物分类多依靠形态比较，相关分类系统繁多，标准不尽相同，从而造成许多物种在不同分类系统下有不同的分类地位，甚至有不同的拉丁学名。随着这些年分子生物学和基因组学的发展，越来越多的遗传证据被引入分类系统，这又造成了许多物种分类地位的再次变化。类似的问题不光存在于百合属的植物分类中，而是各植物科属分类中普遍存在的一些问题。

总之，随着标本资料日益丰富，随着分子标记越来越多地被引入植物分类系统，百合属的分类情况还会不断出现变化，直到诞生一个新的更科学的分类系统。例如，湖北百合（Lilium henryi Baker）和南川百合（Lilium rosthornii Diels）从外观来看是典型的卷瓣组百合，但是 ITS 分析表明，它们和喇叭花组亲缘关系更近；台湾百合（Lilium formosanum A.Wallace）和麝香百合（Lilium longiflorum）虽然花的形状类似其他喇叭花组成员，但是 ITS 分析表明，它们和卷瓣组众多成员关系密切 [5]，这可能就是麝香百合非常容易和卷瓣组百合杂交成功的原因。

表 1.1　英国邱园世界植物检索名录网站收录中国野生百合全表

（粗体字为种名，未加粗的为变种名；编录于 2020 年 4 月）

中文名	拉丁学名
秀丽百合	***Lilium amabile* Palib.**
玫红百合	***Lilium amoenum* E.H.Wilson ex Sealy**
安徽百合	***Lilium anhuiense* D.C.Zhang & J.Z.Shao**
滇百合	***Lilium bakerianum* Collett & Hemsl.**
金黄花滇百合	*Lilium bakerianum* var. *aureum* A.Grove & Cotton
黄绿花滇百合	*Lilium bakerianum* var. *delavayi* (Franch.) E.H.Wilson
紫红花滇百合	*Lilium bakerianum* var. *rubrum* Stearn
无斑滇百合	*Lilium bakerianum* var. *yunnanense* (Franch.) Sealy ex Woodcock & Stearn
美丽豹子花	***Lilium basilissum* (Farrer ex W.E.Evans) Y.D.Gao**
短柱小百合	***Lilium brevistylum* (S.Yun Liang) S.Yun Liang**
野百合	***Lilium brownii* F.E.Br. ex Miellez**
百合	*Lilium brownii* var. *viridulum* Baker
条叶百合	***Lilium callosum* Siebold & Zucc.**
垂花百合	***Lilium cernuum* Kom.**
渥丹百合	***Lilium concolor* Salisb.**
大花百合	*Lilium concolor* var. *megalanthum* F.T.Wang & Tang
有斑百合	*Lilium concolor* var. *partheneion* (Siebold & de Vriese) Baker
川百合	***Lilium davidii* Duch. ex Elwes**
兰州百合	*Lilium davidii* var. *willmottiae* (E.H.Wilson) Raffill
东北百合	***Lilium distichum* Nakai ex Kamib.**
宝兴百合	***Lilium duchartrei* Franch.**
绿花百合	***Lilium fargesii* Franch.**
凤凰百合	***Lilium floridum* J.L.Ma & Yan J.Li**
台湾百合	***Lilium formosanum* A.Wallace**
小叶百合	*Lilium formosanum* var. *microphyllum* T.S.Liu & S.S.Ying
贡山豹子花	***Lilium gongshanense* (Y.D.Gao & X.J.He) Y.D.Gao**
竹叶百合	***Lilium hansonii* Leichtlin ex D.D.T.Moore**
墨江百合	***Lilium henrici* Franch.**

续　表

中文名	拉丁学名
斑块百合	*Lilium henrici* var. *maculatum* (W.E.Evans) Woodcock & Stearn
湖北百合	***Lilium henryi* Baker**
卷丹	***Lilium lancifolium* Thunb.**
匍茎百合	***Lilium lankongense* Franch.**
大花卷丹	*Lilium leichtlinii* var. *maximowiczii* (Regel) Baker
宜昌百合	***Lilium leucanthum* (Baker) Baker**
紫脊百合	*Lilium leucanthum* var. *centifolium* (Stapf ex Elwes) Woodcock & Coutts
糙茎百合	*Lilium longiflorum* var. *scabrum* Masam.
尖被百合	***Lilium lophophorum* (Bureau & Franch.) Franch.**
线叶百合	*Lilium lophophorum* var. *linearifolium* (Sealy) S.Yun Liang
毛百合	***Lilium dauricum* Ker Gawl.**
新疆百合	*Lilium martagon* var. *pilosiusculum* Freyn
马塘百合	***Lilium matangense* J.M.Xu**
浙江百合	***Lilium medeoloides* A.Gray**
墨脱百合	***Lilium medogense* S.Yun Liang**
多斑豹子花	***Lilium meleagrina* (Franch.) Y.D.Gao**
小百合	***Lilium nanum* Klotzsch**
黄斑百合	*Lilium nanum* var. *flavidum* (Rendle) Sealy
紫斑百合	***Lilium nepalense* D.Don**
乳头百合	***Lilium papilliferum* Franch.**
藏百合	***Lilium paradoxum* Stearn**
豹子花	***Lilium pardanthinum* (Franch.) Y.D.Gao**
松叶百合	***Lilium pinifolium* L.J.Peng**
报春百合	***Lilium primulinum* Baker**
紫喉百合	*Lilium primulinum* var. *burmanicum* (W.W.Sm.) Stearn
川滇百合	*Lilium primulinum* var. *ochraceum* (Franch.) Stearn
山丹	***Lilium pumilum* Redouté**
毕氏百合	***Lilium pyi* H.Lév.**
岷江百合	***Lilium regale* E.H.Wilson**
南川百合	***Lilium rosthornii* Diels**

中文名	拉丁学名
泸定百合	*Lilium sargentiae* E.H.Wilson
蒜头百合	*Lilium sempervivoideum* H.Lév.
紫花百合	*Lilium souliei* (Franch.) Sealy
药百合	*Lilium speciosum* var. *gloriosoides* Baker
单花百合	*Lilium stewartianum* Balf.f. & W.W.Sm.
淡黄花百合	*Lilium sulphureum* Baker ex Hook.f.
大理百合	*Lilium taliense* Franch.
丽江百合	*Lilium tenii* H.Lév.
天山百合	*Lilium tianschanicum* N.A.Ivanova ex Grubov in V.I.Grubov & T.V.Egorova
青岛百合	*Lilium tsingtauense* Gilg
卓巴百合	*Lilium wardii* Stapf ex F.C.Stern
延平百合	*Lilium yapingense* Y.D.Gao & X.J.He

（二）百合的应用价值

百合是人类引种栽培较早的一种园林花卉，在古希腊克里特岛米诺斯文明遗址上发现了一幅大约公元前1580年的彩色壁画，里面就绘有百合花。百合的花朵不仅大，而且色彩丰富，很多种类还带有迷人的香味，既可以作为切花装饰室内或馈赠亲友，又可以植于花盆或花坛中美化人们的生活环境，是深受人们喜爱的一种花卉。目前，百合切花是世界花卉市场四大类切花之一，我国每年从荷兰进口的百合种球超过3亿颗，全世界商品杂交百合的品种已经多达数千种，且还在不断快速增长中。

百合的鳞茎含有丰富的蛋白质、脂肪、还原糖和淀粉质，还含有多种微量元素、维生素和生物碱；在古代，百合被很多地区的人们视为荒年的救命粮，有几种百合的鳞茎苦涩味淡，甚至没有苦涩味，被人们作为根茎类蔬菜大规模种植，比如，百合（*Lilium brownii* var. *viridulum*）、卷丹（*Lilium lancifolium*）和兰州百合（*Lilium davidii* var. *willmottiae*）在我国都有很大的种植面积，是广受欢迎的熬粥佳品和特色蔬菜。

此外，据《中国药典》记载，卷丹（*Lilium lancifolium*）、百合（*Lilium brownii var. viridulum*）和山丹（*Lilium pumilum*）的鳞茎还是重要的中药材，有养阴润肺、清心安神的疗效，用于阴虚久咳、虚烦惊悸及失眠多梦等症的治疗。

（三）百合的文化含义

在世界许多地方，百合都有重要的文化含义。因为百合的鳞茎由数量众多的鳞片层层环抱而成，所以在中国得名"百合"，渐渐地又引申出"百年好合""百事和顺"的吉祥寓意；中国的许多地方在婚礼当天会在新人的床上撒上一些花生、红枣和百合干，祝愿新人"早生贵子""百年好合"；同样，百合花也成了现代中国婚礼庆典必不可少的婚庆用花，从而催生出巨大的百合切花消费市场。在中国古代，百合花虽不列中国十大名花，但亦深受国人的喜爱，在南北朝时期人们就注意到了百合的观赏价值，梁宣帝赞美百合具有超凡脱俗、矜持含蓄的气质。宋代陈岩在诗《香林峰》中赞道："林梢一点风微起，吹作人间百合香。"大文豪苏轼喜爱百合中的山丹，有诗赞曰："堂前种山丹，错落玛瑙盘。"

在欧洲文明的摇篮古希伯来和古希腊地区，分布着一种百合——圣母百合（*Lilium candidum*），因为它的花朵颜色纯白无杂色无斑点，人们认为它代表了"纯洁"和"圣洁"的含义；在希腊神话中，圣母百合是宙斯的妻子赫拉（Hera）的乳汁形成的，代表着高尚与贞洁，所以西方人有赠送百合花给自己妻子的习惯[6]。在圣经的旧约和新约中都提到了圣母百合，例如，《马太福音》中所说的"百合花赛过所罗门的荣华"，圣母百合渐渐成为基督教纯洁和贞操的象征，代表了美丽的灵魂。公元8世纪的时候基督教神学家认为百合象征着耶稣基督，公元11世纪的时候，圣母玛利亚在基督教神学中的地位日益提高，百合花也从象征着耶稣基督转为象征着圣母玛利亚，认为圣洁的百合是圣母玛利亚的化身[6]，从此以后，有关圣母玛利亚的绘画和雕塑都会有百合花的身影，文艺复兴时期著名画家达·芬奇（Leonardo da Vinci）的作品《圣母玛利亚》，图画正中即为圣母百合。

原产于日本的麝香百合（*Lilium longiflorum*）也有纯白色的花朵，而且香气宜人。美国一名参加了第一次世界大战的叫作刘易斯·霍顿的士兵，从日本带了一些麝香百合的鳞茎，他回到位于俄勒冈州的老家，开始了麝香百合在美国的种植与销售。由于麝香百合花期较早，人工栽培下可以在复活节期间上市，所以被美国人称为复活节百合，渐渐地美国形成了在复活节期间购买麝香百合的传统，用来纪念耶稣基督的复活，表达信徒对耶稣基督复活的喜悦[7]。现在美国商业化栽培的百合主要就是麝香百合。

（四）中国野生百合现状

横断山脉－喜马拉雅山区通常被认为是百合属植物的起源地[8-11]，这一地区绝大部分位于我国境内，我国也是百合属植物的生物多样性中心，绝大多数省份都有百合属植物的自然分布，尤以野百合、山丹和卷丹分布最为广泛。

如前所述，分布于中国的百合属植物超 50 种，我国是世界上拥有百合属植物种类最多的国家，许多分布于我国的百合属植物是我国的特有物种。但是，我国特有的许多百合属植物具有分布范围狭窄的特点，有的百合仅局限于一小片特殊的栖息地，对环境条件的需求比较苛刻；例如，玫红百合仅分布于云南省昆明市附近的一些山谷，分布地海拔在 2 100 ～ 2 300 m，马塘百合仅分布于四川省马尔康市附近的一些高山山崖，分布地海拔在 3 200 ～ 3 300 m。由于分布范围狭窄，对环境条件要求比较苛刻，加之人为的采挖破坏，我国特有的许多百合属植物的数量越来越少，有的已经濒临灭绝，例如，发现自云南省宾川县的毕氏百合除了 1909 年的描述之外，再无人见过其实物或标本；在 2013 年 9 月 2 日发布的由环境保护部和中国科学院联合编制《中国生物多样性红色名录——高等植物卷》已经宣布了单花百合灭绝（EX）；同时，宣布了马塘百合、藏百合、墨脱百合为极危级别（CR）植物，秀丽百合、安徽百合和浙江百合为濒危级别（EN）植物，玫红百合、墨江百合、哈巴百合、大花卷丹、垂花百合和丽江百合为易危级别（VU）植物，金黄花滇百合、新疆百合、绿花百合、报春百合、湖北百合和乳头百合为近危级别（NT）植物，这些已经灭绝或面临生存危机的百合大多是我国特有的野生百合[12]。

但是，我国百合属野生物种资源的保护工作长期未得到应有的重视，在 1999 年发布的《国家重点保护野生植物名录（第一批）》中没有列入任何一种百合属植物，在《国家重点保护野生植物名录（第二批）》讨论稿中将玫红百合（*Lilium amoenum*）、开瓣百合（*Nomocharis aperta*）、金黄花滇百合（*Lilium bakerianum* var. *aureum*）、垂花百合（*Lilium cernuum*）、绿花百合（*Lilium fargesii*）、墨江百合（*Lilium henricii*）、斑块百合（*Lilium henricii* var. *maculatum*）、藏百合（*Lilium paradoxum*）、蒜头百合（*Lilium sempervivoideum*）、紫花百合（*Lilium souliei*）、单花百合（*Lilium stewartianum*）、淡黄花百合（*Lilium sulphureum*）、大理百合（*Lilium taliense*）、青岛百合（*Lilium tsingtauense*）和卓巴百合（*Lilium wardii*）列为国家二级保护植物。

参考文献：

[1] Brady M A，Janovitz E B . Nephrotoxicosis in a cat following ingestion of Asiatic hybrid lily（Lilium sp）[J]. journal of veterinary diagnostic investigation official publication of the american association of veterinary laboratory diagnosticians inc, 2000,12（6）:566.

[2] Gulledge L，Boos D，Wachsstock R . Acute renal failure in a cat secondary to tiger lily（Lilium tigrinum）toxicity [J]. feline practice, 1997,25（5）:38–39.

[3] Gao Y D, Xin–Fen. Accommodating Nomocharis in Lilium（Liliaceae）[J]. Phytotaxa, 2016, 277（2）: 205–210.

[4] 吴征镒, 陈心启, 梁松筠, 等.Flora of China, Volume 24 [M]. 北京：科学出版社, 2006:73–263.

[5] Tomotaro N，Keiichi O，Katsuro A，et al. Phylogenetic analysis of section sinomartagon in genus lilium using sequences of the internal transcribed spacer region in nuclear ribosomal DNA[J]. Breeding ence, 2001, 51（1）:39–46.

[6] 肖海燕, 刘青林. 中外百合文化探析 [J]. 农业科技与信息：现代园林, 2014（08）:25–31.

[7] 袁转好. 复活节与百合花 [J]. 花木盆景：花卉园艺, 2005, 000（003）:34–35.

[8] De Jong PC.Some notes on the evolution of lilies [J]. Lily Year Book of the North American Lily Society,1974,27:23–28.

[9] Patterson T B，Givnish T J.Phylogeny, concerted convergence, and phylogenetic niche conservatism in the core Liliales: insights from rbcL and ndhF sequence data [J]. Evolution,2002,56:233–252.

[10] 梁松筠. 百合科（狭义）植物的分布区对中国植物区系研究的意义 [J]. 植物分类学报, 1995（01）:29–53.

[11] Gao Y D , Harris A , Zhou S D , et al. Evolutionary events in Lilium（including Nomocharis, Liliaceae）are temporally correlated with orogenies of the Q-T plateau and the Hengduan Mountains［J］. Molecular Phylogenetics & Evolution, 2013, 68（3）:443-460.

[12] 环境保护部和中国科学院 . 中国生物多样性红色名录高等植物卷 ［M］. 内部资料 , 2013: 610-612.

二、中国野生百合研究史略

（一）中国古代对百合属植物的认知

中国大约公元4世纪左右就开始人工种植百合了，北宋诗人苏辙的诗《西轩种山丹》中写道："乘秋种山丹，得雨生可喜；山丹非佳花，老圃有深意。宿根已得土，绝品皆可寄；明年春阳升，盈尺烂如绮。"这说明古代中国人早就熟悉了百合的生物习性和栽培技巧。但是，中国的古人主要将百合作为一种保健食物或者药物，尽管百合也可开出芬芳艳丽的花朵，但是古代中国人并未将其作为一种重要的观赏花卉，因此并没有诞生类似《菊谱》《芍药谱》《海棠谱》《洛阳牡丹记》这样的百合专著。新中国成立后，在1986年举行的中国传统十大名花评选中百合也没有进入评选的范围。

中国古代对百合的研究主要集中在栽培方法和药用价值方面，主要的研究对象是分布于黄河中下游及长江中下游的几种百合，即野百合、卷丹、山丹、渥丹百合和药百合。我国现存最早的药物学专著《神农本草经》记载百合有"味甘平，主邪气腹胀心痛，利大小便，补中益气"的功效；张仲景的《金匮要略》记载百合有"清热解毒、润肺止咳"的功效；李时珍将百合归为菜部，说："百合一茎直上，四向生叶。叶似短竹叶，不似柳叶。五六月茎端开大白花，长五寸，六出，红蕊四垂向下，色亦不红。红者叶似柳，乃山丹也。"

（二）1949年前西方植物猎人对中国野生百合物种的考察与报道

从清朝末年到民国时期，西方许多传教士、探险家和植物学家对中国的植物资源进行了大规模的考察，期间采集了大量标本，也采挖了许多珍贵的植物种质资源，并将其中一部分带到了西方，因此大大丰富了西方的园林，而对中国野生百合物种的科学化研究也是从这个时候开始的。

俄国植物分类学家 C. J. Maximowicz 于 1854 年至 1860 年间多次到黑龙江采集植物标本，期间他发现了大花卷丹，大花卷丹因此被定名为 *Lilium leichtlinii* var. *Maximowiczii*。

法国传教士 Pere Armand David 在 1869 年到四川西部的宝兴县一带采集植物标本，他发现了川百合和宝兴百合，他是第一个遇到这两种野生百合的西方人，川百合也以他的名字命名为 *Lilium davidii*，而宝兴百合则以法国植物学教授 Pierre Etienne Duchartre 的名字命名为 *Lilium duchartrei* Franch.。

英国外交官 A. Henry（爱尔兰人）于 1882 年至 1888 年在我国湖北省宜昌市附近多次组织人力进行植物标本的采集，在这个过程中发现了湖北百合、百合（*Lilium brownii* var. *viridulum* Baker）和宜昌百合，湖北百合也因此以他的名字命名为 *Lilium henryi* Baker；A. Henry 后来又到云南省东南部和西南部地区采集植物标本，发现了报春百合、滇百合和淡黄花百合。

法国亲王 Prince Henri d'Orleans 于 1889 年间到我国四川省的巴塘、理塘和康定一带考察，发现了尖被百合；后又于 1895 年到我国云南省怒江一带采集标本，发现了墨江百合，他所采集的百合标本交由法国植物学家 M. Bureau 及 A. Franchet 研究，其中墨江百合被 A. Franchet 定名为 *Lilium henrici* Franch. 以纪念 Prince Henri d'Orleans。

法国天主教神甫 J. A. Soulie 于 1889 年至 1897 年间到四川康定及云南贡山附近采集标本，发现紫花百合，紫花百合后以 J. A. Soulie 的名字命名为 *Lilium souliei*。

奥地利外交官 A. V. Rosthorn 于 1891 年至 1892 年间在重庆市南川县附近采集植物标本，发现了南川百合，后来南川百合以他的名字命名为 *Lilium rosthornii* Diels。

法国天主教神甫 P. Farges 于 1892 年至 1898 年间在重庆市城口县附近的大巴山区采集标本，发现了稀有的绿花百合，后将绿花百合的标本送回法国交给著名植物学家 Adrien René Franchet 研究，Franchet 以 P. Farges 的名字将绿花百合命名为 *Lilium fargesii* Franch.。

英国著名的植物猎人 E.H. Wilson 在 1903 年至 1910 年间多次到我国四川省西部地区进行考察，在这些考察活动中他发现了岷江百合、泸定百合和兰州百合等。他采集了大量的岷江百合种球运往美国，不幸的是这些种球在运输途中腐烂了；后来，在

1910 年 Wilson 再次来到岷江河谷采挖这种百合，却不幸被河岸陡峭山坡上滚落的石块砸断了一条腿，他的腿没有得到及时处理，使他落下终身残疾，在他的余生中，他不断遭受了所谓"百合行"之苦。但是，他最终运送到西方的岷江百合种球却拯救了西方商品百合产业，岷江百合极强的抗病毒特性使得饱受植物病毒困扰的西方商品百合产业顺利度过了危机，Wilson 非常喜爱岷江百合，将之称为 *Lilium regale*，regale 的意思是"皇家"，*Lilium regale* 即帝王百合；泸定百合则以 Arnold 植物园的第一任主任 Charles Sprague Sargent 的名字命名为 *Lilium sargentiae*。

奥地利植物学家 H.Handel-Mazzetti 于 1917 年考察了云南省昆明市以东的一片地区，他在富含石灰岩的一片地方发现了一种新的野生百合——黄绿花滇百合，这种百合由 E.H.Wilson 鉴定为滇百合的一个变种，定名为 *Lilium bakerianum* var. *Delavayi*。

英国植物学家 F. Kingdon Ward 于 1921 年至 1930 年间，多次到中国和缅甸交界的地区进行植物标本的采集，在旅途中他发现了一种新的百合卓巴百合，最终以他的名字命名为 *Lilium wardii*。

（三）1949 年前西方植物学家开展的百合属系统分类研究

在早期中国野生百合分类鉴定研究方面做出贡献较多的有法国植物学家 Augustin Hector Léveillé，法国植物学家 Adrien René Franchet，英国植物学家 E.H.Wilson，英国植物学家 John Gilbert Baker，英国植物学家 William Stearn 和英国植物学家 Harold Comber 等人。

Augustin Hector Léveillé 从 1900 年开始与植物学家 Adrien René Franchet 一起鉴定一些从远东地区寄回法国的植物标本，他一共研究了数千种来自远东地区的植物标本，描述了大约 2 000 个新物种，其中包括丽江百合、蒜头百合和毕氏百合。

艾德里安·雷内·弗兰切特（Adrien René Franchet，1834—1900）是 19 世纪法国著名的植物学家，Franchet 为远东地区的植物分类做出了巨大贡献，他仔细研究并描述了法国传教士和植物猎人 Armand David、Jean-Marie Delavay 和 Paul Guillaume Farges 等人从中国和日本等地给他寄回的植物标本；他将自己的研究结果记述于 *davidianae ex sinarum imperio* 这部书中，这部书共分 2 册：第一册描述了蒙古及中国北方和中部地区的 1 175 种植物，其中 84 种是新种；第二册描述了在青藏高原东部收集的 402 种植物，其中 163 种是以前未知的。弗兰谢特（Franchet）将许多新的植物属引入科学领域，其中包括了百合科植物豹子花属 *Nomocharis*（1889），Franchet 一共命名了原产于中国的 12 种百合，到目前为止，还有 7 种中国野生百合采用 Franchet 确定的学名，分别是宝兴百合（*Lilium duchartrei* Franch.）、绿花百合（*Lilium fargesii* Franch.）、墨江百合（*Lilium henrici* Franch.）、匍茎百合（*Lilium lankongense* Franch.）、尖被百合（*Lilium lophophorum* Franch.）、乳头百合（*Lilium papilliferum* Franch.）和大理百合（*Lilium taliense* Franch.）。

E.H.Wilson 除了是著名的植物猎人之外，在百合的鉴定和分类研究方面也做了很多贡献，特别是他的两部著作 *China: Mother of Gardens* 和 *The Lilies of Eastern Asia* 巨大的影响，*China: Mother of Gardens* 一书介绍了 E.H.Wilson 在中国探寻植物的历程，让西方认识到了中国植物物种的丰富性和多样性，也让中国多了一个"世界园林之母"的称号；而 *The Lilies of Eastern Asia* 则是较早的一部介绍亚洲野生百合的专著，这部书到今天在东西方百合爱好者中仍具有重大影响力[1, 2]。

英国植物学家约翰·吉尔伯特·贝克（John Gilbert Baker，1834—1920）从 1866 年起就在英国皇家植物园的标本馆工作，1890 年成为了正式馆员，他曾为石蒜科、凤梨科、鸢尾科及百合科等植物，以及蕨类植物写过许多单行本手册。为了纪念 Baker，滇百合以 Baker 的名字命名；此外，Baker 命名的中国野生百合有 8 种，分别是百合（*Lilium brownii* var. *viridulum* Baker）、有斑百合（*Lilium concolor* var. *Partheneion* Baker）、湖北百合（*Lilium henryi* Baker）、大花卷丹（*Lilium leichtlinii* var. *Maximowiczii* Baker）、宜昌百合（*Lilium leucanthum* Baker）、报春百合（*Lilium primulinum* Baker）、药百合（*Lilium speciosum* var. *Gloriosoides* Baker）和淡黄花百合（*Lilium sulphureum* Baker）。出于对 Baker 在植物分类学上所做的贡献，在引用一个由约翰·吉尔伯特·贝克所命名的植物时，学名命名人的标准写法为 Baker，而无须添加额外说明。

威廉·斯蒂恩（William Stearn）是英国杰出的植物学家，被认为是完全的博物学家，有人称之为"公认的二十世纪最大植物权威"，而他本人却并不认同这样的说法，他是谦逊的。他参与了欧洲植物志的编写，完成了英国皇家园艺学会的园艺辞典一书，他还是编制国际栽培植物命名法典的核心人物。在百合研究方面，他是 *Lilies of the world: their cultivation and classification* 一书的主要创作者，此书介绍了当时世界已知野生百合的分类特征和生活特性，并介绍了一些种类百合的栽培方法，具有重要的影响力。此外，Stearn 还和 E.A. Bowles 一起合作撰写了许多关于葱属和百合属的学术文章，Stearn 还命名了 6 个百合新种或变种，分别是紫红花滇百合（*Lilium bakerianum* var. *Rubrum* Stearn）、无斑滇百合（*Lilium bakerianum* var. *Yunnanense* Sealy ex Woodcock & Stearn）、斑块百合（*Lilium henrici* var. *Maculatum* Woodcock & Stearn）、藏百合（*Lilium paradoxum* Stearn）、紫喉百合（*Lilium primulinum* var. *Burmanicum* Stearn）和川滇百合（*Lilium primulinum* var. *Ochraceum* Stearn）。

英国植物学家 Harold Comber 是世界知名的百合育种专家，在英国经营过百合种植场，后来在 1947 年的皇家园艺学会百合会议上认识了美国俄勒冈鳞茎农场的所有人简·德格拉夫（Jan De Graaff），并受其邀请来到了美国俄勒冈州的格雷舍姆（Gresham）从事商品百合杂交育种工作，他非常出色地完成了自己的工作，培育出许多商品百合杂交种，比如 Green Magic Group，他还精简了商品百合鳞茎的生产方法。1949 年，Harold Comber 在英国皇家园艺学会的百合年鉴上刊发了 "A new classification of the genus Lilium" 一文，文中提出了一种百合属分类的新方法，Harold Comber 将百合属分为 7 个组，分别是轮叶组 Sect. Martagon、根茎组 Sect. Pseudolirium、百合组 Sect. Liriotypus、具叶柄组 Sect. Archelirion、卷瓣组 Sect. Sinomartagon、喇叭花组 Sect. Leucolirion 和毛百合组 Sect. Daurolirion[3]，该方法得到了普遍的接受，直到今天这种百合属分类方法仍具有重要影响力。

（四）新中国成立后关于我国百合属物种的考察与分类研究情况

新中国成立后，国家林业部门、各高校和相关科研院所对我国的植物资源开展了多批次大规模普查工作，采集了巨量的植物标本，在这些普查工作基础上，《中国植物志》的编写工作也于 1958 年展开，1980 年由唐进、汪发缵主编的《中国植物志》第 14 卷出版，百合属有关内容就在此卷之中，共收录中国野生百合物种 36 个种，18 个变种，这是我国出版的第一种较全面的介绍我国野生百合种质资源的图书[4]。

1985 年，中科院昆明植物研究所的彭隆金在《云南植物研究》（现植物分类与资源学报）上报道了百合属新种松叶百合（*Lilium pinifolium* L.J.Peng），认为松叶百合和蒜头百合接近，不同点在于子房的颜色及叶缘具乳头状细齿[5]。在 1986 年，彭隆金等人又在《云南植物研究》上发表了另一个百合属新种——金佛山百合（*Lilium jinfushanense* L. J. Peng & B. N. Wang）[6]。

1985 年，四川大学许介眉在《植物分类学报》报道了 2 个百合属新种——会东百合（*lilium huidongense* J.M.Xu）和马塘百合（*Lilium matangense* J.M.Xu），这两种百合分别发现自四川省凉山州会东县和四川省阿坝州马尔康市[7]。

1885 年，中国科学院植物研究所的梁松筠在《植物分类学报》报道了一种分布于喜马拉雅山区的百合属新种——墨脱百合（*Lilium medogense* S.Yun Liang），墨脱百合是一种具轮生叶，开黄色无斑点钟形花的稀有百合[8]。1986 年汪发缵、梁松筠等人又在《云南植物研究》刊发论文，认为短柱小百合与小百合在鳞茎、花色和花柱等方面特征上具有较大差异，不应视为小百合的一个亚种，而应该定为一个种，于是将短柱小百合重订名为 *Lilium brevistylum* S.Yun Liang[9]。

1991 年，安徽师范大学的张定成、邵建章在《植物分类学报》发表论文，报道了一种野生百合新种安徽百合（*Lilium anhuiense* D.C.Zhang & J.Z.Shao）[10]。

2000 年，辽宁省凤城市园林管理处的马吉龙、李艳君在《植物科学学报》上报道了一种百合属新种——凤凰百合（*Lilium floridum* J.L.Ma & Yan J.Li），该种被认为接近大花卷丹，但茎、花、叶多处生白色绵毛[11]。

（五）百合属物种的分子系统发生学研究概况

随着分子生物学的发展，20 世纪末期许多植物分类学家开始将一些分子生物学的技术应用到百合属物种的系统演化相关研究上，在这方面报道成果较多的有日本国家农业生物资源研究所的西川友太郎（Tomotaro Nishikawa），大阪学院大学的林和彦（Kazuhiko Hayashi）及中国科学院成都生物研究所的高云东等人。

在 1999 年，西川友太郎等人在 *Journal of Molecular Evolution* 发表论文报道了他们根据 18S–25S 核糖体 DNA 内部转录间隔区（ITS）的核苷酸序列变化，研究了 55 种百合属、大百合属和豹子花属物种的系统发育关系，根据 ITS 序列进行系统发育分析的结果表明，毛百合组 Sect. Dauroliron 和卷瓣组 Sect. Sinomartagon 成员间亲缘关系密切，此两组似乎应当合并；湖北百合与喇叭花组 Sect. Leucolirion 的岷江百合、泸定百合有较近的亲缘关系，而其他的喇叭花组成员在亲缘关系上更接近于卷瓣组；百合属与豹子花属的亲缘关系较近，而和大百合属的亲缘关系较远。西川友太郎等人还提出利用 ITS 区域序列进行系统发育分析比较适合于属、组和亚组水平[12]。2001 年，西川友太郎等人在 *Breeding Science* 发表论文，报道了他们利用 ITS 区域序列分析法研究了 64 种百合属、大百合属和豹子花属物种的系统发育关系，重点是研究卷瓣组 Sect. Sinomartagon 成员间及卷瓣组成员与其他组成员间的亲缘关系，根据研究结果，西川友太郎等人将百合属卷瓣组划分为 5 个亚组[13]。

大阪学院大学的林和彦等人于 2000 年在 *Plant Species Biology* 发表研究论文，报道了他们利用叶绿体基因组中的 rbcL 和 matK 基因序列数据研究百合属及其近缘属系统发育关系的研究结果，结果表明，百合属由 3 个不同的主要类群组成，与 Harold Comber 以形态特征为基础百合属类群的区系划分不一致；并且，和 ITS 序列分析的结果一样，百合属成员与豹子花属成员亲缘关系很近，认为百合属和豹子花属应为同一属，而百合属与大百合属、假百合属和贝母属亲缘关系稍远，应是不同属[14]。

中国科学院成都生物研究所的高云东长期从事百合属、豹子花属系统分类研究，一共在各种刊物发表了十余篇相关研究论文。2011 年，高云东等人在 *Nordic Journal of Botany* 发文报道了他们关于 32 种百合属成员核型研究的结果，通过核型比较分析，他们认为横断山脉是百合属的多样性中心和分化中心，也可能是百合属的起源中心[15]。2012 年，高云东等人在 *Plant Systematics and Evolution* 报道了豹子花属一个新种贡山豹子花（*Nomocharis gongshanensis* Y. D. Gao et X. J. He），并通过对多种百合属成员和豹子花属成员进行 ITS 和 *psbA-trnH* 基因序列比较，建议豹子花属应该并入百合属[16]。2013 年，高云东等人在 *Finnish Zoological and Botanical Publishing Board* 报道了一个百合属新种延平百合（*Lilium yapingense* Y.D.Gao & X.J.He），高云东认为延平百合在形态上接近小百合（*L. nanum*），但比较分析 ITS 序列发现延平百合与豹子花属成员有更近的亲缘关系，似乎是一种介于百合属与豹子花属之间的物种[17]。2014 年，高云东等人在 *Phytotaxa* 发表研究论文 "Taxonomic notes on Chinese *Lilium* L. (Liliaceae) with proposal of three nomenclatural revisions"，认为文山百合是野百合的同义词，金佛山百合为大理百合同义词，会东百合为丽江百合同义词[18]。2016 年，高云东等人又在 *Phytotaxa* 发表研究论文，认为百合属和豹子花属之间的形态差异是栖息地专门化的结果，支持将百合属和豹子花属合并为同一属[19]。

关于百合属的分类和系统演化还有非常多的问题值得深入研究。目前，邱园世界植物检索名录仍然保持豹子花属为一个独立的属，但在一些研究证据的影响下开始将一些豹子花属的成员调入百合属，比如，接受了高云东 2016 年提出的将豹子花更名为 *Lilium pardanthinum* (Franch.) Y.D.Gao，多斑豹子花更名为 *Lilium meleagrina* (Franch.) Y.D.Gao，贡山豹子花更名为 *Lilium gongshanense* (Y.D.Gao & X.J.He) Y.D.Gao，美丽豹子花更名为 *Lilium basilissum* (Farrer ex W.E.Evans) Y.D.Gao，由此原产于我国的百合属成员又多了 4 个。随着相关研究的继续，相信百合属的分类系统还会不断地调整，可能还有许多尚未发现的野生百合物种静静地生长在人迹罕至的森林，等待着和某人的邂逅；也可能随着一些新研究证据的出现某种百合的分类地位就此发生了改变；但最不愿意看到的情况就是一些美丽的百合因为我们人类的保护不善甚或是人为毁坏而成为灭绝种。

参考文献：

[1] Wilson, E.H.China: Mother of Gardens［M］. The Stratford Company, Boston, Massachusetts, 1929.

[2] Wilson, E.H.The lilies of Eastern Asia ［M］. Dulau & Company, Ltd., London, England, 1929.

[3] Comber H. A new classification of the genus *Lilium* ［J］. Lily Yearbook, 1949,15:86–105.

[4] 中国科学院中国植物志委员会. 中国植物志 – 第十四卷［M］. 科学出版社，1980:116–178.

[5] 彭隆金. 百合属一新种——松叶百合［J］. 植物分类与资源学报，1985, 7（3）:317–318.

[6] Longjin P, Binong W. One new species of *lilium* from sichuan ［J］. Acta Botanica Yunnanica, 1986, 8（2）:225–226.

[7] 许介眉. 四川百合科新植物［J］. 植物分类学报，1985, 23（3）: 232–235.

[8] 梁松筠. 西藏百合属一新种［J］. 植物分类学报，1985, 23（5）: 392–393.

[9] 汪发缵，唐进，梁松筠. 中国百合科植物之研究（十二）［J］. 云南植物研究，1986:53–54.

[10] 张定成，邵建章. 安徽百合科二新种［J］. 植物分类学报，1991（5）:474–476.

[11] 马吉龙，李艳君. 凤凰百合——百合属一新种［J］. 植物科学学报，2000, 18（2）:115–116.

[12] Nishikawa T, Okazaki K, Uchino T, et al. A molecular phylogeny of *Lilium* in the internal transcribed spacer region of nuclear ribosomal DNA ［J］. J Mol Evol, 1999, 49（2）:238–249.

[13] Tomotaro N, Keiichi O, Katsuro A, et al. Phylogenetic analysis of section sinomartagon in genus *Lilium* Using sequences of the internal transcribed spacer region in nuclear ribosomal DNA [J]. Breeding Sci, 2001, 51(1):39–46.

[14] Hayashi K, Kawano S. Molecular systematics of *Lilium* and allied genera (Liliaceae): phylogenetic relationships among *Lilium* and related genera based on the rbcL and matK gene sequence data [J]. Plant Spec Biol, 2000, 15(1):73–93.

[15] Gao YD, Zhou SD, He XJ. Karyotype studies in thirty–two species of *Lilium* (Liliaceae) from China [J]. Nord J Bot, 2011, 29:746–761.

[16] Gao YD, Harris AJ, Zhou SD, et al. A new species in the genus *Nomocharis* Franchet (Liliaceae): evidence that brings the genus *Nomocharis* into *Lilium* [J]. Plant Syst Evol, 2012, 298(1):69–85.

[17] Gao YD, Zhou SD, He XJ. *Lilium yapingense* (Liliaceae), a new species from Yunnan, China, and its systematic significance relative to *Nomocharis* [J]. Ann Botanici Fennici, 2013, 50(3):187–194.

[18] Gao YD, Gao XF. Taxonomic notes on Chinese *Lilium* L. (Liliaceae) with proposal of three nomenclatural revisions [J]. Phytotaxa, 2014, 172(2):101.

[19] Gao YD, Gao XF. Accommodating *Nomocharis* in *Lilium* (Liliaceae) [J]. Phytotaxa, 2016, 277(2):205–210.

三、中国百合属植物

  分类学之父瑞典植物学家林奈（Carl Linnaeus）在 1753 年出版了 *Species Plantarum*（植物种志），次年又出版了 *Genera Plantarum*（植物属志），此 2 部著作的出版奠定了植物分类学的基础，使得对植物的研究开始进入科学的范围。百合属（*Lilium* Tourn. ex L.）是林奈在 *Genera Plantarum* 中发表的一个百合科的属，最早包含 6 个种；到 2020 年，邱园世界植物检索名录共接受百合属物种 117 种，其中分布于中国的有 51 种，19 变种。

  百合属成员为多年生草本，一年生芽，鳞茎；鳞茎由重叠的肉质鳞片构成，具多年生根；茎直立，无分枝，多叶，有时在基部生根；叶轮生或散生，通常在茎上部尺寸减小，线形或披针形，偶尔更宽呈卵状披针形或倒卵形；花序顶生，总状花序或单生花；花有花梗，被苞片包着，点头到直立，喇叭状、杯状、碗状或钟形，花被片通常稍微或强烈反卷；花被片 6 片，基部具蜜腺沟，有时在内表面上具小乳突，有时外部有毛；花药大，附生或假基着，多功能；花丝轮生，在花被片的基部插入，丝状到稍扁平；子房上位，3 裂；花柱长，柱头 3 裂；果为室背开裂的蒴果，在每个子房内有 2 行种子；种子扁平，棕色或棕褐色。

  下面以图文形式介绍中国分布的野生百合的生物性状和引种栽培情况，每种百合力求配以高清彩色照片，使一般的百合爱好者能方便地识别各种野生百合；遗憾的是，由于我国的一些野生百合已经灭绝（如单花百合），一些百合处于极度濒危状态（如马塘百合、藏百合及墨脱百合），我们未能获得其可使用的照片，在此略去不予介绍，需要了解相关信息可以查阅《中国植物志》14 卷或 *Flora of China* VOL. 24。

（一）毛百合组 Sect.Daurolirion

毛百合组的成员较少，共 3 种，我国分布 1 种，即毛百合（*Lilium dauricum* Ker Gawl.）。毛百合组成员的共同特点有：球茎鳞片分节；叶散生无柄；花大，直立，碗状；花被片具小的乳头状突起，蜜腺有毛，背面有毛；具茎生根；种子萌发类型为子叶留土型，采收当年即可萌发。根据西川友太郎（Tomotaro Nishikawa）等人的研究，毛百合组可能与卷瓣组具有密切亲缘关系，或划分为同一组更合适 [1]。

1. 毛百合 *Lilium dauricum* Ker Gawl.

概　述

毛百合（*Lilium dauricum*）的自然分布范围极广，在中国北方的黑龙江、吉林、辽宁、内蒙古和河北等省或自治区，俄罗斯广大的东部地区，以及日本、韩国和蒙古都有分布；生长于海拔 450～1 500 m 的开阔的森林下、湿润的草地上、山坡灌丛间和荒野路边。毛百合是一个非常多样的物种，不同亚种和不同型的茎高从 13 cm 到 70 cm 不等，花色也多种多样，有橙色、黄色、红色及粉红色等。毛百合被英国植物学家约翰·贝伦登·克尔（John Bellenden Ker）认为原产于美国宾夕法尼亚州，从而把它错误地命名为 *Lilium pensylvanicum*，在认识到它正确的自然分布区后，将其以西伯利亚的一个小镇达里克之名重新命名为 *L. dauricum*。毛百合变种 *Lilium dauricum* var. *alpinum* 种子发芽速度较慢，植株矮小，株高仅约 13 cm，可能是世界上最矮的百合，但是花朵大小和毛百合近似。

日本的西川等人比较了 55 种野生百合的核糖体 DNA 18S–28S 的内部转录间隔区序列（ITS），结果表明，毛百合和珠芽百合（*Lilium bulbiferum*）有较近的亲缘关系，和山丹、渥丹及川百合等亚洲野生百合也有较近的亲缘关系 [1]。毛百合和珠芽百合的杂交实验很容易成功，有力地支持了西川等人的结论。日本人在 300 年前就开始用毛百合培育杂交百合了，近百年来，毛百合又被欧美等国广泛用于商品百合育种，毛百合是亚洲系杂交百合最主要的基因来源。

图 3.1.1.1　毛百合（摄影：李懿）

生物性状

毛百合鳞茎为近球形，直径 2.0～3.0 cm；鳞片白色，宽披针形，长 1.0～1.4 cm，宽 0.5～0.6 cm；茎长 30～70 cm，有棱；毛百合叶散生，顶端有 3～5 片叶轮生，叶片呈线形或披针形，长 4.0～5.0 cm，宽 0.3～0.4 cm，有叶脉 3～5 条，叶缘具小乳头状突起，叶基部和边缘有白色绒毛。

毛百合花期在 5～7 月，每株可开花 1～6 朵，花朵直立，钟形，无香味；苞片叶状，长约 4.0 cm；花梗长 1.0～8.5 cm，有白色绒毛；花被片颜色多样，黄色、橙色、粉红色和红色都有，基部颜色加深，正面散布紫红色斑点；外轮花被片倒披针形，基部收窄，长 7.0～9.0 cm，宽 1.5～2.3 cm，背面有白色绒毛，有时无毛；内轮花被片较外轮花被片略窄，其他相似；蜜腺两边具深紫色乳头状突起；雄蕊会聚，花丝橙红色，长约 5.0 cm；花药长约 1.0 cm，花粉深红色；子房圆柱形，绿色，长约 1.8 cm；花柱橙红色，长度约为子房的 2 倍以上，前端略膨大，3 裂。

毛百合蒴果矩圆形或倒卵形，长 4.0～5.5 cm，宽约 3.0 cm；种子萌发类型为子叶留土型，种子整个萌发过程需要在适温下保湿 25～35 d。毛百合染色体数量为 2n = 24。

引种栽培情况

毛百合耐寒性佳，易种植，在腐殖质丰富的无石灰土壤中表现最佳。毛百合喜阳，栽培的时候应该选择一个日照充足的地方，并给它创造排水良好的环境。毛百合是开花较早的亚洲野生百合之一，大概 5 月下旬就可以看到它艳丽的花朵了。

图 3.1.1.2　毛百合花被片背面具白色绒毛（摄影：李懿）

图 3.1.1.3　毛百合蒴果（摄影：李懿）

（二）具叶柄组 Sect. Archelirion

具叶柄组成员共有 8 种，全部分布于东亚地区，主要分布于日本，我国有 1 种和 2 变种分布，即野百合（*Lilium brownii*）、百合（*Lilium brownii* var. *viridulum*）和药百合（*Lilium speciosum* var. *gloriosoides*）。具叶柄组成员共同特点有：鳞茎白色（*L. speciosum* 的部分成员例外）；茎直立，茎下部具根；叶散生，具短叶柄；种子萌发类型为子叶留土型。

1. 野百合 *Lilium brownii* F.E.Br. ex Miellez

概　述

野百合（*Lilium brownii*）也叫淡紫百合，是我国特有原生百合之一，我国四川、贵州、云南、广西、湖北、湖南、重庆、广东、福建、浙江、江西、江苏、安徽、甘肃、陕西、山西、河北、河南及香港特区都有分布；生长于海拔 100～2 150 m 的草坡、森林边缘、溪流岸边和乡村荒地。百合（*Lilium brownii* var. *viridulum*）为野百合变种，两者主要区别是野百合的叶片为披针形至条形，而百合的叶片为倒披针形至倒卵形；此外，百合花开放一段时间后其喉部的淡黄色常会转变为白色。

图 3.2.1.1　野百合（摄影：李懿）

生物性状

野百合鳞茎为球状，直径 2.0～7.0 cm；鳞片白色，披针形，长 1.8～4.0 cm，宽 0.8～1.4 cm；茎长 70～200 cm，绿色，带紫红色，下部具小乳头状突起；叶散生，披针形或条形，长 7.0～15.0 cm，宽 0.6～2.0 cm，有叶脉 5～7 条，全缘，两面无毛，叶腋无珠芽。

野百合花期在 5～8 月，花单生或 2～6 朵排列成伞形花序，花漏斗状，不芬芳；苞片叶状，狭卵形或卵状披针形；花被片前端弯曲，白色，外面带紫色，有时带绿色，无斑点；外轮花被片倒披针形或倒卵状披针形，长 13.0～18.0 cm，宽 2.0～4.5 cm；内轮花被片倒卵状披针形，宽 3.5～5.0 cm；蜜腺两边有小乳头状突起；雄蕊向上弯曲，中部以下密被柔毛到无毛，花丝长 10.0～13.0 cm；花药长椭圆形，棕褐色，长 1.1～1.6 cm；子房圆柱形，长 3.2～3.6 cm；花柱长 8.5～11 cm，淡绿色，无毛，前端膨大，3 裂。

野百合蒴果为矩圆形，褐色，长 4.5～7.0 cm，宽 2.0～3.5 cm；种子淡褐色，萌发类型为子叶留土型，种子萌发过程需时较长，有时要在适温下保湿约 60 d。野百合染色体数量为 2n = 24。

引种栽培情况

野百合对不同类型的土壤有较好的适应性，但是耐寒性不是特别强，在欧美国家栽培时病毒病多发，所以西方国家很少有人工栽培野百合的；但是，野百合的变种——百合（*Lilium brownii* var. *viridulum*）却是我国广泛栽培的食用药用原生百合。

百合 *Lilium brownii var. viridulum*

百合又名龙牙百合、棕色百合，是野百合的一个变种，分布于我国安徽、福建、甘肃、广西、贵州、河北、河南、湖北、湖南、江苏、江西、陕西、山西、四川、云南及浙江等地。百合与野百合的生活环境大抵相同，它们的主要区别前文已述。

百合的鳞茎为我国著名的食材和药材，俗称龙牙百合，以湖南隆回县所产的隆回龙牙百合和江西万载县白水乡所产的白水龙牙百合最为著名，其中隆回龙牙百合在 2005 年被国家质检总局批准为"中国国家地理标志产品"。龙牙百合含有丰富的淀粉、蛋白质、脂肪、生物碱和微量元素，而且色白如玉、味道甘甜，是食中珍品；此外，龙牙百合具有滋阴润肺、清心安神的药效，是中药百合的主要来源。龙牙百合的花富含挥发油，可以用来制造精油。

栽培龙牙百合的地区最好是气候温和、冬无严寒、降水均衡及土质肥沃且排水条件良好的地区，由于龙牙百合易感染病毒病，所以栽培时不能连作，通常旱土轮作需间隔 5 年，而水旱轮作需间隔 3 年。

图 3.2.1.2　百合（*Lilium brownii* var. *viridulum*）（摄影：李懿）

2. 美丽百合 *Lilium speciosum* Thunb.

概　述

美丽百合（*Lilium speciosum*）分布于日本九州岛、四国地区，中国不产，生长于海拔 600～900 m 的森林中草木湿润处或草坡，因为花朵布满艳红斑点，犹如鹿子斑纹，所以又名鹿子百合。鹿子百合开花比较迟，在一些冬季比较寒冷的地方，种子通常不会成熟；加之栖息地日益减少和人类的采挖，目前野生鹿子百合资源越来越少，已渐濒危。鹿子百合常被誉为"东亚最美丽的百合"，广泛用于商业百合杂交育种，是东方系百合的重要亲本。鹿子百合有众多变种，绿斑白鹿子百合（*L. speciosum* var. *album*）花被片为白色，基部带有斑驳的绿斑；绿脉白鹿子百合（*L. speciosum* var. *kraetzeri*）花被片为白色，中脉附近带绿色；日本鹿子百合（*L. speciosum* var.

clivorum）花比鹿子百合小，颜色也比鹿子百合淡；*L. speciosum* var. *rubrum* 花被片为深紫色，常用于杂交育种。此外，中国南方和台湾地区有美丽百合变种药百合（*Lilium speciosum* var. *gloriosoides*）分布，变种加词 gloriosoides 意为"灿烂的、壮丽的"，因花被片基部带艳丽红色斑点，所以也叫艳红鹿子百合。

生物性状

美丽百合鳞茎为卵球形，直径约 6.0 cm；鳞片白色，略带黄色或淡紫红色，披针形，长约 2.0 cm，宽约 1.2 cm；茎长 60 ~ 180 cm，茎秆粗壮，无毛；叶散生，具叶柄，柄长约 0.5 cm，倒披针形，长 7.0 ~ 18.0 cm，宽 1.0 ~ 5.0 cm，有叶脉 3 ~ 5 条，叶片边缘具细乳头状突起。

美丽百合花期为 7 ~ 8 月，总状花序，每株可开花 1 ~ 5 朵，人工栽培时每株可开花多达 15 朵，甚至更多，花朵下垂，直径为 10.0 ~ 15.0 cm，带宜人的香味；苞片叶状，卵形，长 3.5 ~ 4.0 cm，宽 2.0 ~ 2.5 cm；花被片强烈反卷，白色或淡粉色，满布明亮的粉红色、深粉红色或紫红色斑点；蜜腺两边有带深粉红色斑点流苏状突起；雄蕊向四周散开，花丝绿色，长 5.0 ~ 8.0 cm，花药和花粉皆为紫褐色；子房圆柱形，长约 1.5 cm，柱头绿色，前端膨大，3 裂。

美丽百合蒴果近球形，淡褐色，种子萌发类型为子叶留土型，种子成熟期为当年 10 ~ 11 月，翌年春天开始萌发，人工促萌需要在适温下保湿 20 ~ 25 d。美丽百合染色体数量为 2n = 24。

引种栽培情况

栽培美丽百合通常种植深度为 20 ~ 25 cm；美丽百合喜爱半阴和湿润的环境，当然也不能过于潮湿，栽培时要防止积水；它最爱中性偏酸性的沙质土壤，不喜欢含石灰质的土壤；由于花期较晚，种子成熟时间往往都在秋冬季节，所以在气候寒冷的地区栽培美丽百合种子一般不会成熟。

艳红鹿子百合 *Lilium speciosum* var. *gloriosoides*

艳红鹿子百合被认为是美丽百合的一个变种，是分布于我国安徽、江西、湖南、浙江、广西和台湾等地区的一种原生百合，生长于海拔 650 ~ 900 m 的阴湿林下和山坡草丛。艳红鹿子百合又被称为药百合，它和美丽百合的主要区别在于花被片更窄，且只有花被片基部的 1/3 或 1/2 上散布有深红色或紫红色的斑点；有人认为，艳红鹿子百合也可能不是美丽百合的变种，而是一个单独的物种，这种说法有待确定。分布于我国台湾地区的艳红鹿子百合和大陆南方几个省分布的艳红鹿子百合也有一些差异，台湾地区的艳红鹿子百合花被片的斑点主要是紫红色，而大陆南方几个省分布的艳红鹿子百合花被片的斑点主要是猩红色。

图 3.2.2.1　鹿子百合（摄影：李懿）

图 3.2.2.2　艳红鹿子百合鳞茎（摄影：李懿）

图 3.2.2.3　艳红鹿子百合（摄影：李懿）

（三）喇叭花组 Sect. Leucolirion

　　喇叭花组百合主要分布于东亚、东南亚地区，目前报道的喇叭花组百合共有 13 种，其中我国有 9 种；但近几十年报道的一些新种往往是存疑的，比如，普洱百合（*Lilium puerense* Y. Y. Qian）是基于一些 1987 年采集的标本描述的，它类似于淡黄花百合（*L.*

sulphureum），有一些生物性状的差异，比如，具叶缘小乳突，普洱百合是否是淡黄花百合的生态型或一种变种，由于没有新的报道的出现，目前还是不清楚的。还有 *Lilium zairii* Mackiewicz & Mynett 是根据发现于非洲刚果的一些标本描述的，是唯一分布在非洲的野生百合，也是唯一分布于南半球的野生百合，由波兰植物学家 Kaziemierz Mynett 于 1989 年描述，然而，该物种的分类地位值得怀疑，自报道后并没有在当地发现它的分布，它也许只是台湾百合（*L. formosanum*）引种当地形成的一个生态型。

喇叭花组百合的共有特征有：茎基部生根；叶散生，无叶柄；开大的喇叭形花；种子轻薄（*L.longiflorum* 和 *L.regale* 等例外），种子采收当年即可萌发，萌发方式为子叶出土型。

1. 台湾百合 *Lilium formosanum* A. Wallace

概　述

台湾百合是我国特有原生百合之一，分布于我国台湾地区，生长于海拔 0 ～ 3 500 m 向阳草坡。曾经，台湾百合是台湾岛上常见的野生百合，从南到北，从平原到高山都有台湾百合的分布，但是由于严重人为采挖，野生台湾百合已经日渐稀少；不过，台湾百合繁育相对容易，在世界多国有引种栽培，已经应用于园林装饰中。台湾百合有 2 变种，即小叶百合（*Lilium formosanum* var. *microphyllum*）和姬高砂百合（*Lilium formosanum* var. *pricei*），小叶百合是发现于海岸的矮生种，叶片没有中脉；姬高砂百合是发现于高山的矮生种，具有狭长似小号的花，更加耐寒，但寿命短，一般为 2 ～ 3 年。

生物性状

台湾百合鳞茎为球状到椭圆形，直径 2 ～ 4 cm；鳞片白色或淡黄色，披针形到卵形，长约 3.5 cm；茎长 20 ～ 55 cm，多数散布着深紫色斑点，茎干光滑或有小乳头状突起；叶散生，线形到披针形，长 2.5 ～ 15 cm，宽 0.4 ～ 1.3 cm。

台湾百合花期为 7 ～ 8 月，在气候适宜的地区，可周年开花；近伞状花序，每株开花 1 ～ 3 朵，在人工栽培中有时开花可达 10 朵，花朵有香味，喇叭形，花被平展，筒部细；花被内面纯白色，背面泛紫红色，外轮花被倒披针形，长 7.0 ～ 15.0 cm，宽 2.0 ～ 2.5 cm；内轮花被匙形，长 7.0 ～ 15.0 cm，宽约 3.0 cm；蜜腺绿色，有时两面具小乳头状突起；花丝绿色，长约 10.0 cm，近基部有小突起；花药黄色，矩圆形，长约 1.0 cm，花粉黄色；子房圆柱形，长约 5.0 cm，花柱长约 7 cm，柱头膨大，3 裂。

台湾百合蒴果圆柱形，向上挺立，黄褐色，长 7.0 ～ 9.0 cm，宽约 2.0 cm；种子具翅，萌发类型为子叶出土型，萌发需在适温下保湿 20 ～ 30 d。台湾百合染色体数量为 2n = 24。

引种栽培情况

台湾百合不是非常耐寒，最好在气候凉爽的环境或温室中种植，在这样的环境下台湾百合可以周年开花；台湾百合寿命短而且容易感染病毒，但是台湾百合种子萌发率高，生长发育速度快，在适宜条件下，播种当年即可开花，所以台湾百合最适合采用种子进行繁育。

图 3.3.1.1　姬高砂百合 (*Lilium formosanum* var. *Pricei*) 的种子（摄影：李懿）

2. 麝香百合 *Lilium longiflorum* Thunb.

概　述

麝香百合又叫"铁炮百合"，在西方被称为"复活节百合"，原产于琉球群岛和我国台湾地区，生长在海拔 0 ～ 500 m 的海岸或山坡草地；1777 年，著名的植物探险家卡尔·彼得·滕伯格（Carl Peter Thunberg）发现了这种百合，并于 1819 年将其寄往了英国。麝香百合自然花期在 4 ～ 7 月，通过人工控制条件，可以在每年 3 月份开花，开花时间早于大多数的百合，正好可以在西方复活节时间进入花卉市场，因此得名"复活节百合"。麝香百合花朵洁白芬芳，而白色百合在基督教传统中代表圣洁，因此近百年来，一些欧美国家（特别是美国）有在复活节期间购买"复活节百合"的传统，所以麝香百合在美国有大量的人工种植。麝香百合和台湾百合（*L. formosanum*）以及菲律宾百合（*L. philippinense*）有较近的亲缘关系。在四季分明的地区，麝香百合夏天地上部分会枯死，秋天再度萌发，而在冬天则会有一个休眠期，植株暂时停止生长，春天又继续生长；在气候温暖的地区，麝香百合可周年生长，一年多次开花。

生物性状

麝香百合鳞茎为球形或近球形，直径 2.5 ～ 5 cm；鳞片白色；茎长 45 ～ 90 cm，绿色，基部带浅红色或暗紫色；叶片散生，线形到披针形，长 5.0 ～ 20.0 cm，宽 0.8 ～ 3.0 cm。

麝香百合花期 4 ～ 7 月，温暖的环境里可以一年多次开花，伞形花序，每株开花 1 ～ 5 朵，花朵水平，喉部稍带绿色或黄绿色，喇叭状，非常香；花被白色，背面稍带绿色，倒披针形，长 13.0 ～ 18.0 cm，宽 2.5 ～ 4 cm，内轮花被较外轮花被稍宽；蜜腺不具乳头状突起；花丝长约 9 cm，无毛，浅绿色；花药黄色或紫色，长 0.5 ～ 0.8 cm，花粉黄色；子房长约 4.5 cm，花柱长约 7.0 cm，浅绿色，柱头膨大，3 裂，乳白色。

麝香百合蒴果为矩圆形，种子萌发类型为子叶出土型，种子整个萌发过程需要在适温下保湿 15 ～ 25 d。麝香百合染色体数量为 2n = 24。

引种栽培情况

麝香百合喜欢排水良好的土壤和较高的土壤湿度，但应避免土壤积水；鳞茎种植深度为 10.0 ～ 15.0 cm，这取决于鳞茎的大小，栽培间距约 30 cm。麝香百合耐寒性不是特别好，我国南方地区栽培可以露地越冬，北方地区越冬则需做保护措施；在夏天需要将麝香百合置于半阴的环境中，烈日的暴晒会使麝香百合叶片焦黄枯萎。麝香百合的茎具有较强的向阳性，盆栽时可以每隔两天转动一下花盆，防止茎秆向光倾斜；地栽时则可通过调节遮阳设施，避免茎秆倾斜。麝香百合种子萌发率较高，通过种子播种繁殖是一种较好的繁殖方式，它的生长速率也比较快，播种后 6 ～ 8 个月即可首次开花。

糙茎百合 *Lilium longiflorum* var. *scabrum* Masam.

糙茎百合（*L. longiflorum* var. *scabrum*）也叫台湾铁炮百合，原产我国台湾北部、东部和南部沿海地区及部分外围小岛。糙茎百合与麝香百合原变种的主要区别在于其茎具粗糙短毛，茎高 40～120 cm，蒴果为圆柱形。

图 3.3.2.1 麝香百合（摄影：李懿）

图 3.3.2.2 麝香百合（摄影：李懿）

图 3.3.2.3 麝香百合鳞茎（摄影：李懿）

图 3.3.2.4 麝香百合花粉（摄影：李懿）

3. 宜昌百合 *Lilium leucanthum* Baker

概　述

宜昌百合是我国特有原生百合之一，分布于我国四川、重庆及湖北的一些地区，生长于海拔 450 ～ 1 500 m 的山谷草丛中或溪流边。宜昌百合植株高大，鳞茎直径可达 10 cm 以上，可食用亦可入药，在湖北省宜昌市有大面积人工种植，宜昌市的宜昌百合 2015 年被农业部认证为地理标志农产品，宜昌百合也是宜昌市的市花。2003 年中国邮政发行过"宜昌百合"邮票小型张。宜昌百合有变种 *Lilium leucanthum* var. *leucanthum* 和紫脊百合（*Lilium leucanthum* var. *centifolium*），*Lilium leucanthum* var. *leucanthum* 花被片中脉内面和背面都带绿色，紫脊百合花被片中脉背面带紫色或紫褐色。

图 3.3.3.1　宜昌百合原变种（摄影：李懿）

生物性状

宜昌百合鳞茎为球状，直径约 4 cm，人工栽培下鳞茎高可达 7.0 cm，直径可达 10.0 cm；鳞片棕黄色，干燥时紫色，披针形；茎高 100 ～ 200 cm，灰绿色，有时略带红紫色，具细乳头状突起；叶散生，披针形，长 8.0 ～ 17.0 cm，宽约 1.0 cm，有叶脉 3 ～ 7 条，叶腋不具珠芽。

宜昌百合花期在 6 ～ 7 月，圆锥形总状花序，每株可开花 1 ～ 18 朵，花朵水平，像喇叭一样，有淡香味；花被片白色，背面中脉带淡绿色或带紫褐色，长 12 ～ 15 cm，外轮花被披针形，宽 1.2 ～ 1.8 cm；内轮花被匙形，宽 2.6 ～ 3.8 cm；蜜腺不具乳头状突起；花丝淡黄绿色，长 10.0 ～ 12.0 cm，密被短柔毛；花药椭圆形，棕色，长约 1 cm，花粉朱红色；子房圆柱形，淡黄绿色，长 2.6 ～ 4.5 cm；花柱长约 10.0 cm，黄绿色，基部有毛，顶端膨大，3 裂。

宜昌百合蒴果圆柱形，长约 6.0 cm，宽约 3.0 cm；种子萌发类型为子叶出土型，萌发需在适温下保湿 15 ～ 25 d。宜昌百合染色体数量为 2n = 24。

引种栽培情况

宜昌百合是最容易种植的百合花之一，只要提供良好的排水条件，可以适应大多数栽培环境。但是，宜昌百合的抗寒不是很强，所以在高纬度高海拔地区并不适宜栽培。

图 3.3.3.2　紫脊宜昌百合（摄影：李懿）

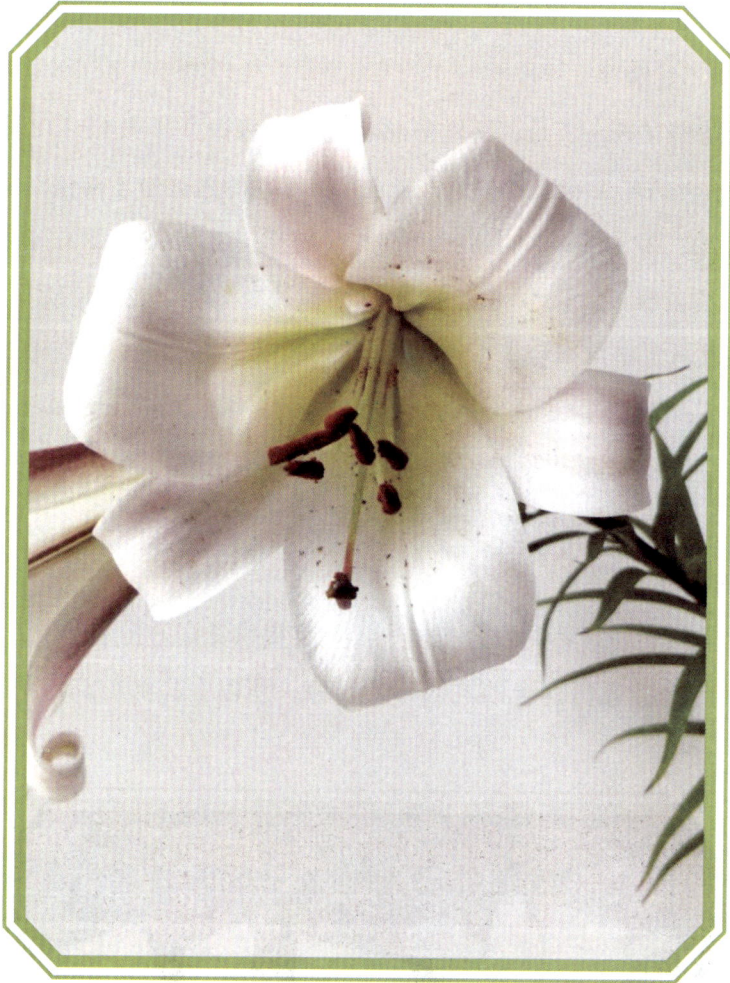

图 3.3.3.3　紫脊宜昌百合（摄影：李懿）

4. 岷江百合 *Lilium regale* E.H.Wilson

概　述

　　岷江百合是我国特有的原生百合之一，又被称为"千叶百合"，在西方则被称为"帝王百合"或"富贵百合"，自然分布于我国岷江干热河谷地带的汶川、茂县、理县和黑水一带，生长于海拔 800 ～ 2 700 m 的山坡草丛、灌木丛、悬崖裂缝和激流旁的乱石中，具有耐贫瘠、抗旱及抗病毒等诸多优点。岷江百合现在在四川岷江干热河谷地区仍然分布较多，每年的 6 至 7 月间，岷江百合漫山开放，醉人的花香飘散于古老的茶马古道，让人流连忘返。1903 年英国植物猎人欧内斯特·亨利·威尔逊（Ernest Henry Wilson）在岷江干热河谷发现了这种美丽的百合，为之神驰目眩。据说，为了采摘岷江百合，威尔逊被山上落下的石块砸断了一条腿。威尔逊首次对岷江百合作了描述，并将之命名为 *Lilium regale*，从这个名字足可以看出威尔逊对岷江百合的喜爱，regale 一词在拉丁语中有"富贵的，王者风范的"之意。后来，威尔逊先后于 1908 年和 1910 年在中国岷江干热河谷地区组织了 2 次大规模的采挖岷江百合鳞茎的行动，数以万计的岷江百合鳞茎被其运往了英国和美国，目前岷江百合已经在世界大多数地方都有人工种植了。19 世纪后期，欧洲的商业百合种植行业由于植物病毒病的高发陷入了困境。随着 20 世纪初岷江百合被引入欧洲，欧洲的花卉育种专家们开始用岷江百合与当地百合进行杂交，培育出多种具有极佳抗病毒能力的商品百合杂交种，使得欧洲商业百合种植业走出了困境，因此岷江百合也被誉为拯救了"欧洲商品百合产业"的一种百合。

图 3.3.4.1　岷江百合（摄影：李懿）

生物性状

岷江百合鳞茎为卵球形，直径 3.0 ～ 10.0 cm；鳞片白色，在空气中会变成紫色，披针形，长 4.0 ～ 5.0 cm，宽 1.0 ～ 2.0 cm；茎长 50 ～ 150 cm，灰绿色带紫色斑点，在茎的下部有小乳头状突起散布；叶散生，为狭窄的线形，长 6.0 ～ 9.0 cm，宽 0.2 ～ 0.5 cm，有叶脉 1 条，叶背面中部和边缘具细的乳头状突起，叶腋无珠芽。

岷江百合花期为 6 ～ 7 月，伞形花序，通常每株开花 1 ～ 8 朵，最多每株可开花 30 朵，花呈喇叭形，非常香；苞片叶状，披针形或条状披针形；花被片为白色，基部亮黄色，背面中脉附近带紫色，外轮花被为披针形，长 9.0 ～ 11.0 cm，宽 1.5 ～ 2 cm，内轮花被片倒卵形，宽 3.0 ～ 3.7 cm；蜜腺光滑；花丝长 6.0 ～ 7.5 cm，无毛，下部稍有乳头状突起；花药椭圆形，长约 1.0 cm，黄色，花粉黄色；子房圆柱形，浅绿色，长约 2.2 cm；花柱白色或浅绿色，长 6.0 ～ 8.0 cm，前端略上翘，柱头膨大，3 裂。

岷江百合蒴果为 3 裂蒴果，圆柱状，具 6 棱，长 5.0 ～ 7.0 cm；种子近圆形，萌发类型为子叶出土型，种子整个萌发过程需要在适温下保湿 12 ～ 30 d。岷江百合染色体数量为 $2n = 24$。

引种栽培情况

岷江百合有极佳的抗逆性，耐寒，抗旱，抗病毒，可适应大多数土壤类型，也不惧日晒，可以说是最易种植的原生百合之一；当然，它更喜欢排水良好的环境和富含有机质的土壤。栽培岷江百合日常养护可以很粗放，十多天甚至一个月不浇水它也能存活下来，但是在人工栽培条件下有时蚜虫会是它的一个威胁。岷江百合可以通过组织培养和鳞片扦插的方式繁殖，但是鳞片的分化率并不高，目前，种子播种仍然是它的主要繁殖方式。岷江百合可以产生大量的可萌发的种子，还存在孤雌生殖现象，种子萌发的幼苗健壮，通常播种 2 年后即可首次开花。

图 3.3.4.2　岷江百合（摄影：李懿）

图 3.3.4.3　岷江百合（摄影：李懿）

图 3.3.4.4　岷江百合蒴果（摄影：李懿）

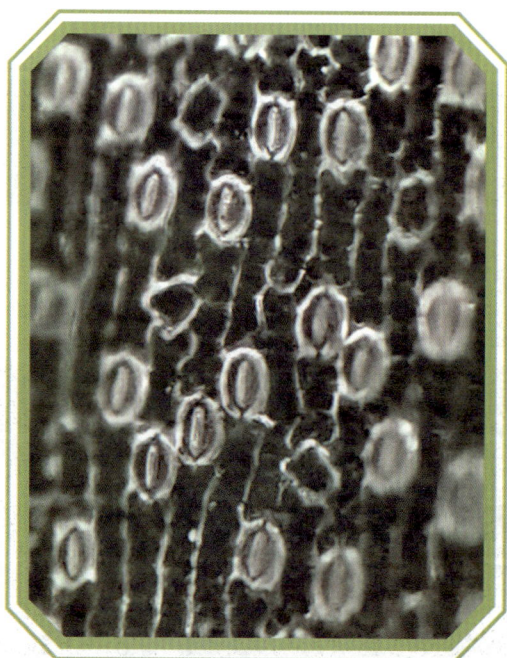

图 3.3.4.5　岷江百合叶背气孔（摄影：李懿）

图 3.3.4.6　岷江百合花粉（100 倍视野）（摄影：李懿）

图 3.3.4.7　岷江百合种子（摄影：李懿）

5. 泸定百合 *Lilium sargentiae* E.H.Wilson

概 述

泸定百合（*L.sargentiae*）是我国特有原生百合之一，主要分布于四川、重庆、甘肃及云南等地，生长在海拔 500～2 200 m 的山坡草丛、灌木丛和岩缝中，中文版《中国植物志》第 14 卷以通江百合之名收录这种百合，但是四川通江地区并不是其主要分布区，所以《四川植物志》第 7 卷和英文版 *Flora of China* VOL.24 都以泸定百合之名收录。和岷江百合一样，泸定百合也是由植物猎人威尔逊最先描述并携带到西方去的中国野生百合。

生物性状

泸定百合鳞茎卵球形，最大直径 15 cm；鳞片淡紫色或紫红色，见光后颜色加深；茎长 60～200 cm，绿色，带紫色斑点；叶散生，披针形，狭窄，通常在中上部叶腋具珠芽，珠芽呈绿色，有的带紫色。

泸定百合花期在 6～8 月，总状花序，每株开花 1～18 朵，花朵水平，喇叭形，带香味；苞片叶状，卵形或卵状披针形；花被片顶端稍反卷，白色，蜜腺周边泛黄绿色，背面中脉附近泛紫色，长 12.0～17.0 cm，外轮花被片倒披针形，宽 1.5～3.0 cm，内轮花被片倒卵状矩圆形，宽 3.5～5.5 cm；蜜腺黄绿色，不具乳头状突起；花丝淡绿色，长 8.0～13.0 cm，下部密被短柔毛；花药矩圆形，褐色或黄褐色，长约 1.5 cm，花粉棕褐色；子房圆柱形，绿色，长 3.5～4.5 cm，宽 0.3～0.5 cm；花柱淡绿色，长 9.0～11.0 cm，前端微上翘，柱头膨大，紫红色，3 裂。

泸定百合蒴果为矩圆形，长 6.0～8.0 cm，宽 2.5～3.5 cm，具 6 棱，3 裂；种子萌发类型为子叶出土型，种子整个萌发过程需要在适温下保湿 25～35 d。泸定百合染色体数量为 2n = 24。

引种栽培情况

在自然环境下，泸定百合常生长于花岗岩或泥质页岩风化后形成的带碎石的排水良好的土壤里，所以它并不喜欢非常讲究的土壤，不喜欢富含石灰质的土壤。此外，泸定百合的抗旱性和抗寒性也不是非常强，但是它仍然是一种非常容易栽培的原生百合，给它排水良好的、富含腐殖质的土壤，半荫和湿润的栽培环境，它会生长得非常好。当然若是在高纬度高海拔地区栽培，则需要给它做过冬保护。泸定百合可以采用种子和珠芽进行繁殖，这两种方式的繁殖系数都很高。

图 3.3.5.1　泸定百合（摄影：李懿）

图 3.3.5.2　泸定百合（摄影：李懿）

图 3.3.5.3　泸定百合珠芽（摄影：李懿）

图 3.3.5.4　泸定百合鳞茎（摄影：李懿）

图 3.3.5.5　泸定百合花粉（摄影：李懿）

6. 淡黄花百合 *Lilium sulphureum* Baker ex Hook. f.

概　述

淡黄花百合分布于我国四川、云南、贵州和广西等省或自治区，此外，缅甸的一些地区也有分布；生长于海拔 100 ～ 1 900 m 的山坡草地、灌木丛和林地边缘。淡黄花百合和泸定百合很相似，主要的不同在于本种花期稍晚，花更大，花丝无毛，花喉部黄色更明亮，以及珠芽更圆润近球形。有学者认为，安徽百合（*Lilium anhuiense*）或为淡黄花百合的一个变种，待确认。

生物性状

淡黄花百合鳞茎为球状，直径通常 5 ～ 7 cm，有时可达 10 cm；鳞片红紫色，卵状披针形或披针形，长 2.5 ～ 5 cm，宽 0.8 ～ 2.5 cm；茎长 80 ～ 180 cm，绿色，常具紫色斑点，散布小乳头状突起；叶散生，线形到披针形，长 7.0 ～ 13.0 cm，宽 0.5 ～ 1.8 cm，中上部叶腋常有珠芽，珠芽圆润近球形，绿色带紫色或暗紫红色。

淡黄花百合花期为 6 ～ 9 月，每株可开花 1 ～ 15 朵，花水平，喇叭形，带香味；苞片椭圆形或卵状披针形；花被象牙白色，向基部渐变成亮黄色，背面中脉处黄绿色，边缘泛粉红色，长 15 ～ 20 cm，外轮花被矩圆状倒披针形，宽 1.8 ～ 2.2 cm，内轮花被匙形，宽 3.2 ～ 4.0 cm；蜜腺两边无乳头状突起；花丝淡黄绿色，无毛，长

13.0～15.0 cm；花药矩圆状，长 1.5～2.5 cm，棕红色，花粉棕红色；子房圆柱形，淡绿色，长 4.3～4.5 cm，花柱黄绿色，长 11.0～14.0 cm，柱头膨大，3裂。

　　淡黄花百合蒴果为矩圆形，长约 6.0 cm，宽约 3.0 cm；种子淡褐色，萌发类型为子叶出土型，种子整个萌发过程需要在适温下保湿 8～20 d。淡黄花百合的染色体数量为 2n = 24。

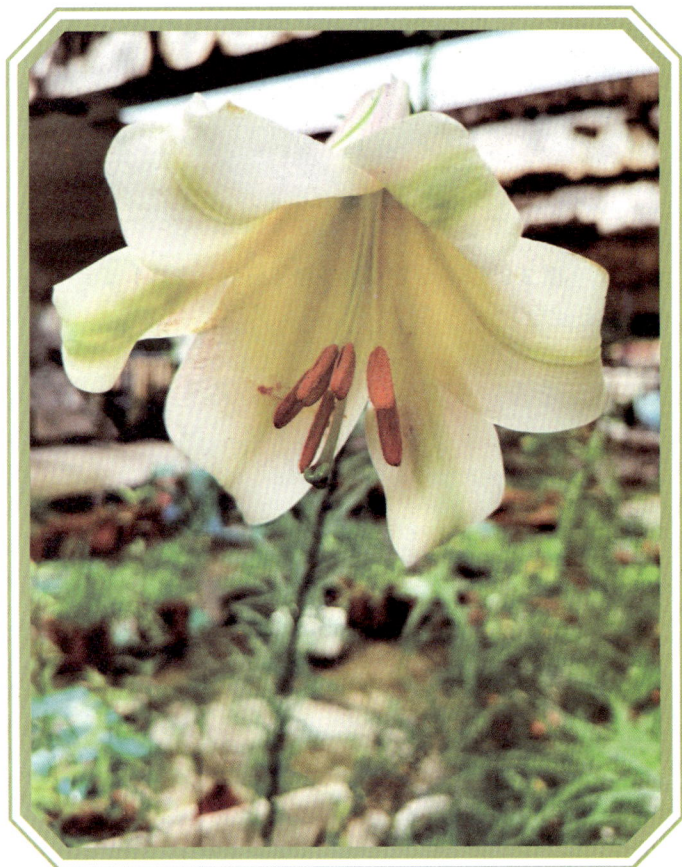

图 3.3.6.1　淡黄花百合（摄影：李懿）

引种栽培情况

　　和泸定百合一样，淡黄花百合用种子和珠芽进行繁殖都很适宜，繁殖系数都很高；淡黄花百合对种植条件的需求也类似于泸定百合，喜欢偏酸性、腐殖质丰富的沙壤土；总的来说，淡黄花百合是一种容易种植的原生百合，但它不是很耐寒，因此高纬度高海拔地区栽培应采取冬季保护措施。此外，它还比较容易感染植物病毒。

图 3.3.6.2　淡黄花百合种球（摄影：李懿）

图 3.3.6.3　淡黄花百合珠芽（摄影：李懿）

图 3.3.6.4　淡黄花百合花粉（摄影：李懿）

7. 文山百合 *Lilium wenshanense* J.Peng & F.X.Li

概　述

文山百合在1990年被确定为单独的物种，以中国云南省文山市的名字命名，是我国特有的原生百合之一，仅在我国云南省有发现，生长于海拔1 000～2 000 m的山坡草地，该种在1 500 m的草地上被发现。高云东等人研究认为，文山百合是野百合（*Lilium brownii*）的一个变种，有待确认[2]。

图 3.3.7.1　文山百合（摄影：李懿）

生物性状

文山百合鳞茎球形，直径 2.5 ～ 4 cm；鳞片白色，有节；茎高 120 ～ 180 cm，灰白色，光滑；叶散生，披针形到狭卵形，长 9.0 ～ 10.0 cm，宽 1.0 ～ 1.2 cm，无毛，每叶具叶脉 3 ～ 5 条，叶片边缘有小乳头状突起。

文山百合花期在 6 ～ 7 月，总状花序，每株开花 1 ～ 7 朵，倒漏斗状，水平，有特殊气味，夜晚变浓；花被淡黄绿色，前端弯曲，外轮花被披针形，长 17.0 ～ 20.0 cm，宽约 2.5 cm，内轮花被长卵形，长 17.0 ～ 20.0 cm，宽约 3 cm；蜜腺绿色，两边有流苏状突起；花丝长 13.0 ～ 15.0 cm，绿色，花药棕色，长约 1.5 cm，花粉棕色；子房圆柱形，绿色，长 3.5 ～ 4.0 cm；花柱白色，长约 14.0 cm，柱头膨大，3 裂。

文山百合蒴果为椭圆形，浅棕褐色，长 4.5 ～ 6.5 cm，宽 3.0 ～ 4.0 cm；种子褐色，近圆形，种子萌发情况未知。文山百合染色体数量为 $2n = 24$。

引种栽培情况

天然环境下，文山百合有时和野百合生长于同一地区，文山百合也像野百合一样有较好抗逆性，引种栽培比较容易，在阳光充足处、半阴暗处及各种土壤条件下都能生长良好。

图 3.3.7.2　文山百合（摄影：李懿）

图 3.3.7.3　文山百合蒴果（摄影：李懿）

（四）卷瓣组 Sect. Sinomartagon

　　卷瓣组是百合属成员最多的一个组（这里采用 Harold Comber 的分类方式，其成员包括《中国植物志》里的卷瓣组与钟花组），组内成员近 50 种（有 10 余种分类地位有争议），主要分布于东亚、东北亚、东南亚和南亚地区，其中绝大多数种类分布于喜马拉雅 – 横断山脉地区，该区域也被一些研究认为是百合属物种的起源地[3]。近年来的一些报道指出，卷瓣组成员遗传背景复杂，其系统分类研究还有很多工作有待开展[4-5]。

　　卷瓣组百合的共有特征有：叶散生；花朵呈钟状或土耳其帽状；种子小而轻（湖北百合除外），种子萌发为子叶出土型，在适宜条件下，种子采收当年即可萌发。

1. 玫红百合 Lilium amoenum E.H. Wilson ex Sealy

概　述

　　玫红百合是中国特有原生百合之一，仅仅分布于云南省的部分地区，生长在海拔约 2 200 m 的山谷林地、林缘、草坡或灌木丛边，生长期几乎无霜。玫红百合的种加词

"amoenum"的意思是"令人愉悦的"，玫红百合株高只有 15～30 cm，小鳞茎可产生 1～3 朵紫红色到粉红色的花，花有淡雅的香味，具良好的园艺性状，适合装饰花园或做盆栽。但是玫红百合自然分布区域狭小，产生种子数量较少，加之人为采挖破坏，野外资源日益减少，亟待保护。

根据梁松筠等人的研究，玫红百合的花粉呈钝四角形，为四合花粉，与多数百合属植物具有的单粒花粉区别明显，建议将玫红百合列为百合属下一个独立的组，甚至列为一个亚属 [6]；顾欣等人的研究也得到相同的结果，他们建议将玫红百合列为钟花组的一个亚组 [7]。玫红百合外形与蒜头百合（*L. sempervivoideum*）相似，主要区别在于蒜头百合花被片为白色或黄白色。

生物性状

玫红百合鳞茎为卵圆形，直径 2.0～3.0 cm，高 2.0～2.5 cm；鳞片白色，披针形到卵形，肉质，长 1.5～2.0 cm，宽 0.6～0.8 cm；茎长 15～30 cm，有小乳头状突起；叶散生，每株有叶片 6～20，狭椭圆形、长圆形或线形，长 2.8～4.5 cm；宽 0.2～0.7 cm，有叶脉 1 条。

玫红百合花期为 5～6 月，花单生或 2～3 朵，花朵下垂，钟形，有淡香味；花梗长 2.0～4.0 cm，下弯；花被片为淡紫色或淡粉红色，下端散布紫红色斑点，外轮花被片为披针形，长 3.0～4.0 cm，宽 0.9～1.0 cm，稍反卷；内轮花被片为卵状披针形或椭圆形，宽 1.4～1.5 cm；蜜腺绿色，两边不具乳头状突起；雄蕊会聚，花丝长约 1.0 cm，花药黄色，长圆形，长约 0.6 cm；子房圆柱形，长约 0.6 cm，花柱长 1.2～1.6 cm，柱头膨大，3 裂。

玫红百合蒴果未见；种子萌发情况不清楚。玫红百合染色体数量为 2n = 24。

引种栽培情况

玫红百合的人工引种栽培比较困难，它需要一个生长期无霜的场所，它不易产生种子，异地引种栽培时较难开花，并且鳞茎易腐烂坏死。栽培时要给它提供半阴的环境，富含腐殖质的偏酸性土壤和一个良好的排水条件。

图 3.4.1.1　玫红百合（摄影：李懿）

图 3.4.1.2　玫红百合种球（摄影：李懿）

图 3.4.1.3　玫红百合花粉（摄影：李懿）

2. 滇百合 *Lilium bakerianum* Collett & Hemsl.

概　述

滇百合（*Lilium bakerianum*）分布于我国云南、四川和贵州的一些地区，缅甸和尼泊尔也有分布；生活于海拔 1 050 ～ 3 800 m 的山坡林中、林缘、灌木丛边和荒野砾石间。滇百合的拉丁学名是以英国皇家植物园林邱园曾经的植物标本馆馆长约翰·吉尔伯特·贝克（John Gilbert Baker）的名字命名的，以纪念贝克在百合科分类上的贡献。

滇百合是一种具有众多变种的原生百合，Woodcock 的 *Lilies of The World* 描述了滇百合的五个变种[8]；各种变种间存在很大的不同，这些不同包括花色、株高等，不同滇百合变种的高度范围大致在 30 cm 至 150 cm 间，最矮的变种黄绿花滇百合（*L.bakerianum* var.*delavayi*）甚至只有 20 cm 的株高；花色有象牙白、浅黄色、黄绿色、金黄色、粉红色到紫红色的变化，花被片内部常遍布红棕色斑点。滇百合原变种（*L.bakerianum* var. *bakerianum*）叶片无毛，花被片为白色，带有紫红色斑点；金黄滇百合（*L. bakerianum* var. *aureum*）叶片无毛，花被片为黄色或淡黄色，带有紫红色斑点；黄绿滇百合（*L.bakerianum* var.*delavayi*）叶片无毛，花被片淡黄色或黄绿色，略带紫色或鲜红色斑点；紫红滇百合（*L.bakerianum* var.*rubrum*）叶片无毛，花被紫红色或粉红色，带紫色或红色斑点；无斑滇百合（*L.bakerianum* var. *yunnanense*）茎和叶片具白色短绒毛，花被片白色或淡玫瑰色，无斑点或具细小红色斑点。

生物性状

滇百合鳞茎为卵球形，直径 2.5～4.0 cm，高 2.0～3.5 cm；鳞片白色，曝露于空气中会渐变为紫色或紫红色，卵状披针形，肉质，长 2.0～3.5 cm，宽 0.7～1.0 cm；茎长 60～150 cm，带细乳头状突起，中上部具叶，下部无叶，地下茎长 5～15 cm，散生须根；叶散生，线形到披针形，长 4.0～7.5 cm，宽 0.4～0.7 cm，有时在边缘和中脉背面具乳头状突起，两面多数无毛，有叶脉 1～3 条。

滇百合花期在 5～8 月，花常单生，有时 2～3 朵，点头或水平，钟状，有气味；花梗长 3.5～6.0 cm，常具一条状叶形的小苞片；花被片白色，内具紫色到红色斑点，外轮花被片披针形，长 6.5～8.0 cm，宽 1.2～1.8 cm；内轮花被片略宽，为倒披针状匙形，宽 1.5～2.3 cm；蜜腺两边不具乳头状突起；雄蕊会聚，花丝绿白色，无毛，长约 3.0 cm；花药矩圆形，长约 1.0 cm，黄色或紫色，花粉橙色；子房圆柱形，长 1.7～2.0 cm，花柱淡绿色，长 2.2～3.0 cm，柱头膨大，3 裂。

滇百合蒴果为矩圆形，长 3.0～4.0 cm，宽 2.0～2.5 cm；种子淡棕色，近圆形，萌发类型为子叶出土型。滇百合染色体数量为 2n = 24。

引种栽培情况

在西方引种滇百合的较少，也没有以滇百合为亲本的杂交商品百合出售。滇百合自然分布海拔跨度较大，不同变种耐寒性有所不同，其中金黄滇百合、黄绿滇百合和原变种引种栽培较多；滇百合喜爱凉爽的环境，日照需求为半阴，富含腐殖质且排水良好的土壤为最佳栽培土壤；滇百合鳞茎在人工栽培中通常只能维持生长 2～3 年，这是一个困扰栽培者的问题。

图 3.4.2.1　滇百合原变种（摄影：李懿）

图 3.4.2.2　滇百合原变种种球（摄影：李懿）

图 3.4.2.3　紫红花滇百合（摄影：李懿）

图 3.4.2.4　金黄滇百合种球（摄影：李懿）

图 3.4.2.5　无斑滇百合（摄影：李懿）

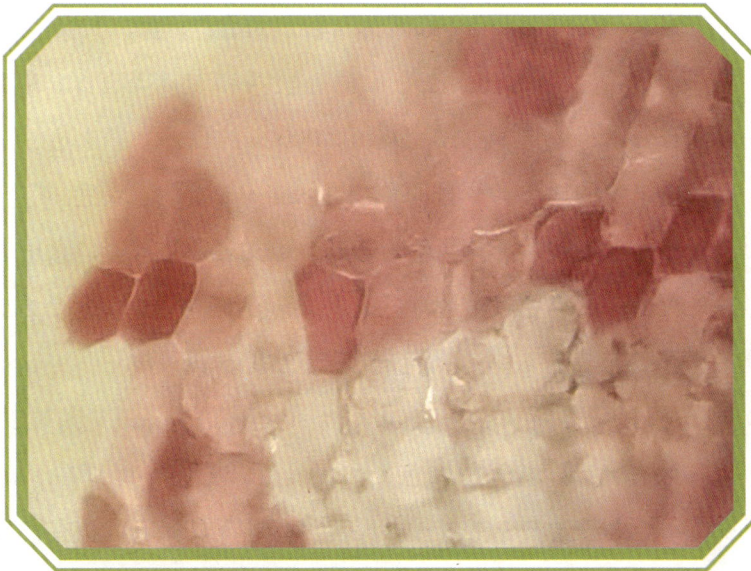

图 3.4.2.6　紫红花滇百合花被片表皮细胞（摄影：李懿）

图 3.4.2.7　滇百合原变种花粉（100 倍视野）（摄影：李懿）

3. 渥丹百合 *Lilium concolor Salisb.*

概　述

　　渥丹百合（*Lilium concolor*）西方称之为"晨星百合"，是一种分布范围非常广泛的原生百合，在我国河南、河北、山东、山西、陕西和吉林等省区，俄罗斯及日本、韩国和蒙古等国都有分布；生长于海拔 350 ～ 2 000 m 的森林、灌木丛、草坡和阳光明媚的草原上含石灰质土壤的地方。渥丹的种加词 concolor 意为"纯色的"，说明渥丹具有纯色的花朵，但是也有少数渥丹具深色的斑点；中文名"渥丹"的意思是光润艳丽的朱砂，反映出渥丹花朵深橘红色且带光泽，它有很多不同花色的变种，*Lilium concolor* var.*coridion* 具有黄色花被，花被上有褐色的斑点；*Lilium concolor* var.*partheneion* 具有带黄绿色条纹及黑色斑点的红色花朵；*Lilium concolor* var. *pulchellum* 中文名为有斑百合，在我国多个省区有分布，花为橙红色，和渥丹百合的主要区别在于花被片散布紫红色斑点。Dubouzet 等人通过 ITS 序列分析，表明渥丹百合和毛百合有较紧密的亲缘关系 [9]，它们两者的自然分布区也多是重叠的。

图 3.4.3.1　渥丹百合（摄影：李懿）

生物性状

渥丹百合鳞茎为卵形，直径 1.5～3.5 cm；鳞片白色，卵状披针形，长 2.0～3.5 cm，宽 1.0～3.0 cm；茎长 30～80 cm，带细乳头状突起，基部附近偶有淡紫色，地下部分茎段生根；叶散生，无柄，线形，长 2.0～10.0 cm，宽 0.2～1.0 cm，边缘有细乳头状突起，先端锐尖，两面无毛，有叶脉 3～7 条。

渥丹百合花期在 5～7 月，花序近伞状或总状，每株可开花 1～5 朵，花朵直立，具有特殊的气味；花梗长 1.2～4.5 cm；花被片如星状散开，深橘红色，无斑点或有斑点，长圆形或披针形，长 2.2～5.2 cm，宽 0.4～1.4 cm；蜜腺两边具乳头状突起；雄蕊会聚，花丝橘红色，长约 2.0 cm，无毛；花药长约 0.7 cm，橘红色，花粉橘红色；子房圆柱形，长 1.0～1.2 cm；花柱橘红色，较子房略短，前端膨大，柱头橙色，3 深裂。

渥丹百合蒴果矩圆形，长 3.0～3.5 cm，宽 2.0～2.2 cm；种子萌发类型为子叶出土型，种子整个萌发过程需要在适温下保温 12 ～ 35 d。渥丹百合染色体数量为 2n = 24。

引种栽培情况

渥丹百合是一种较易种植的原生百合。渥丹喜阳，所以不能种植于背阴处，但也不能长时间暴晒，要注意适度遮阴，最好是地上部分可以照到阳光，而根茎部保持于阴凉处；渥丹最喜欢偏酸性沙质土壤，但是也能耐受不同类型的土壤，包括黏质土，偏碱性土；渥丹喜欢略湿润土壤，但是不能过度潮湿，更不能积水，否则鳞茎易腐烂；此外，渥丹耐寒性也是比较强的，美国农业部将其列入耐寒性作物第 4 类。渥丹百合的种植深度大约为 10 cm，最好在秋季种植。

有斑百合 *Lilium concolor var. pulchellum*

有斑百合是渥丹变种之一，在我国分布非常广泛；黑龙江、吉林、辽宁、内蒙古、河北、山东、山西、安徽及浙江等省或自治区都有分布[10-11]，此外朝鲜半岛和西伯利亚也有分布；生长于海拔 600 ～ 2 200 m 间的阳坡草地或林下湿地。它和渥丹百合的主要区别在于花被片散布紫红色斑点。

图 3.4.3.2　渥丹百合（摄影：李懿）

图 3.4.3.3　渥丹百合种子（摄影：李懿）

图 3.4.3.4　有斑百合（摄影：李懿）

图 3.4.3.5　有斑百合花蕾（摄影：李懿）

图 3.4.3.6　有斑百合蒴果（摄影：李懿）

4. 墨江百合 *Lilium henrici* Franch.

概　述

墨江百合分布于我国云南省的贡山和兰坪地区，生长于澜沧江怒江流域 2 700 ～ 3 300 m 的高山林下和林缘，它的学名来自法国奥尔兰亨利王子（Prince Henri d'Orleans）。墨江百合分布范围狭窄，数量非常稀有，在 2013 年 9 月 2 日发布的由环境保护部和中国科学院联合编制《中国生物多样性红色名录——高等植物卷》将墨江百合列为易危级别（VU）植物。墨江百合有一变种斑块百合（*Lilium henrici* var. *maculatum*），其内层花被片带紫红色细斑点。

图 3.4.4.1　墨江百合（摄影：李懿）

生物性状

墨江百合鳞茎为卵球形，直径 4.0 ～ 12.0 cm；鳞片白色，布满红色，宽披针形；茎长 60.0 ～ 140.0 cm，光滑，下半部分通常带褐色；叶散生，呈狭披针形，长 12.0 ～ 15.0 cm，宽 1.0 ～ 1.5 cm，无毛，具叶脉 3 条。

墨江百合花期通常在 7 月，总状花序，成熟的球茎可开花 5 ～ 6 朵；花钟状，花梗长 3.0～6.0 cm；花被片从白色到浅粉红色，中心带黑色，呈卵状披针形，长 3.5～5.0 cm，宽 1.2～2.0 cm；蜜腺不具乳状突起；雄蕊顶部会聚，花丝长约 2.0 cm，无毛；花药黄色，长约 1 cm；子房长 0.9～1.3 cm，宽 0.2～0.3 cm，花柱长 1.5～2.2 cm，前端膨大，3 裂。

墨江百合的蒴果、种子和染色体情况未知。

引种栽培情况

墨江百合生长于高山林下，分布区夏季为湿润的季风气候，因此，墨江百合喜欢潮湿凉爽、有适度遮阴的环境；墨江百合种子萌发困难，人工栽培下更难萌发，生长期对生活环境比较挑剔，冬季在寒冷潮湿的环境下鳞茎又容易腐烂，总的来说，墨江百合人工栽培是困难的。

图 3.4.4.2　墨江百合（摄影：李懿）

图 3.4.4.3　墨江百合鳞茎（摄影：李懿）

5. 紫斑百合 *Lilium nepalense* D.Don

概　述

　　紫斑百合是一种最早在尼泊尔发现的原生百合，因此被定名为 *Lilium nepalense*。现在发现紫斑百合在喜马拉雅山脉的广大区域都有分布，不丹、印度、缅甸、尼泊尔、锡金、中国西藏南部与东南部、四川和云南的横断山区都是它的自然分布区。紫斑百合通常生长在海拔 1 200 ～ 3 000 m 的潮湿森林边界和灌木丛中。紫斑百合有变种 *Lilium nepalense* var.concolor，花被为柠檬黄色，无斑点，另有大花型变种 *Lilium nepalense* var. robustum，此变种各部器官都大于紫斑百合，香味也更加强烈。紫斑百合与报春百合（*Lilium primulinum*）亲缘关系也很近，过去紫喉百合（*Lilium primulinum* var. burmanicum）和川滇百合（*Lilium primulinum* var. ochraceum）被认为是紫斑百合的变种，现在已经划为报春百合变种。

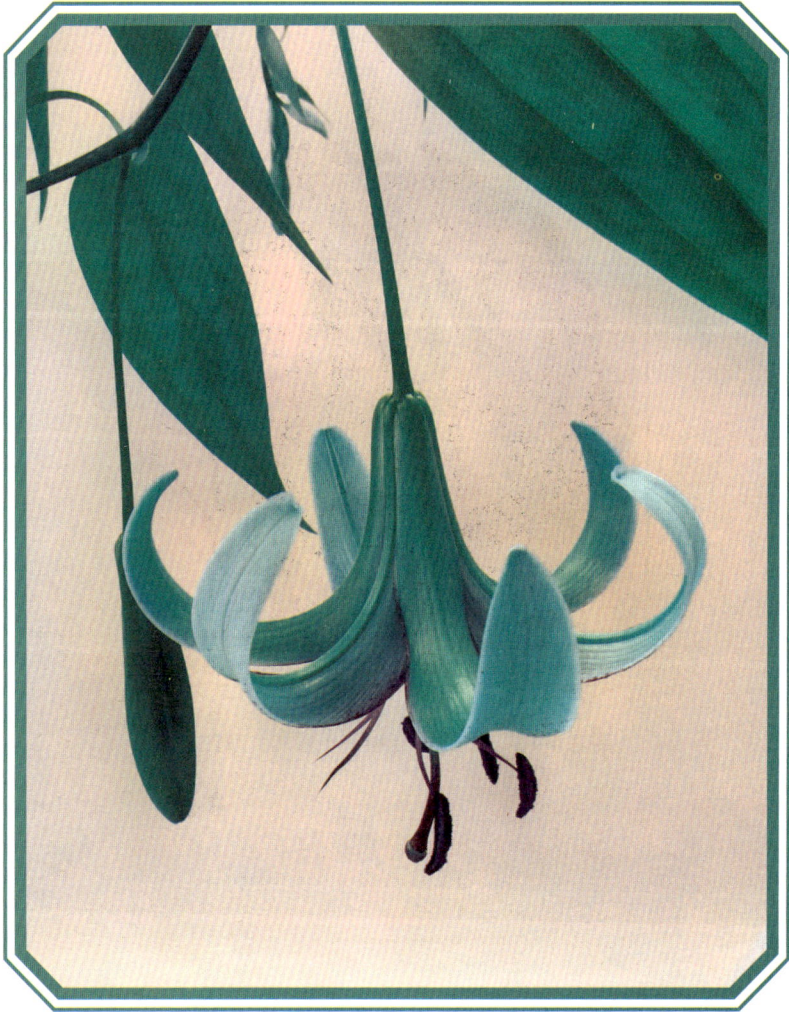

图 3.4.5.1　紫斑百合（摄影：李懿）

生物性状

紫斑百合鳞茎近球形，直径约 2 cm；鳞片白色，披针形，长 2～2.5 cm，宽 1～1.5 cm；茎长 40～120 cm，有乳头状突起；紫斑百合具有一段匍匐茎，通常发现植株的位置和鳞茎的位置有一段距离；叶散生，披针形，长 5～10 cm，宽 2～3 cm，无毛，每叶具 5 条叶脉，叶边缘有小乳头状突起。

紫斑百合花期在 6～7 月，花为总状花序，每株开花 1～5 朵，花下垂，喇叭形，花朵白天通常没有香味，天黑后则散发出浓郁的香味；花柄长 9～13 cm；花被稍有反卷，黄绿色或柠檬黄色，很少橙黄色，喉部带紫色，长 6～13 cm，宽 1.6～2 cm；

蜜腺不具乳头状；花丝长约 5 cm，无毛，淡黄色；花药 0.8 ～ 2.5 cm，棕色；花粉棕色；子房圆柱形，长 1.5 ～ 1.8 cm；花柱长 4 ～ 5 cm，柱头膨大，直径约 0.4 cm。

紫斑百合蒴果为倒卵形，黄褐色，长约 5 cm，直径约 3.5 cm，基部具短柄；种子为长圆形，褐色，具狭翅，萌发类型为子叶出土型。紫斑百合染色体数量为 2n = 24。

引种栽培情况

紫斑百合的自然分布区海拔在 1 200 ～ 3 000 m 间，所以紫斑百合具有中等耐寒性，又可以适应稍高的气温，在多数地方引种是能够成功的。紫斑百合喜欢凉爽的气候、略带酸性富含腐殖质的土壤和排水良好的栽培条件；紫斑百合可以耐受阳光直射，生长期需要大量的水分，秋冬季节需要干燥，否则鳞茎会腐烂；此外，在一些气候寒冷的地区，冬季还应该做一定的防霜冻保护。

图 3.4.5.2　紫斑百合种子（摄影：李懿）

6. 尖被百合 *Lilium lophophorum* **Franch.**

概　述

尖被百合是我国特有的原生百合，分布于云南、四川及西藏东南部的横断山区，生长于海拔 2 700～4 800 m 的高山草甸上，偶尔在森林边缘或灌木丛地区有发现。它是一种矮小的植物，株高一般不超过 30 cm，每株只开一朵花，花的形态和其他百合有较大的区别，似灯笼状，有的学者认为尖被百合应该归入贝母属或豹子花属，但是英文版 *Flora of China* VOL.24 仍然将其归于百合属，尖被百合有一变种——线叶百合（*Lilium lophophorum* var.*Linearifolium*），另有发现花被为紫红色的尖被百合，尚未确定是否为尖被百合变种。

生物性状

尖被百合鳞茎为卵球形或狭卵球形，直径 1.5～3.5 cm；鳞片为白色或黄白色，稍疏松，披针形，长 3.5～4.0 cm，宽 0.6～0.7 cm；茎长 10～45 cm，光滑，鳞茎上部不生根；叶肥厚，常簇生于茎的下部，有时延茎散生；叶片长圆形或披针形，长 5～12 cm，宽 0.3～2 cm，边缘有乳突状突起。

尖被百合花期为 6～7 月，花通常单生，偶尔有开 2～3 朵花的，花下垂，初期花被闭合似灯笼，后期花被张开似钟形，花朵略带香味；花被为黄色、黄绿色，部分为紫红色，有或没有紫红色斑点，披针形或狭卵形，长 4.5～5.7 cm，宽 0.9～1.6 cm；蜜腺两面都有纤维状突起；雄蕊聚合，长 1.5～2.0 cm，无毛，花药椭圆形；子房圆柱形，长 1.0～1.4 cm；花柱长约 1.0 cm，柱头膨大。

尖被百合蒴果为矩圆形，长 2.0～3.0 cm，宽 1.5～2.0 cm，带紫色；种子萌发类型为子叶出土型，整个萌发过程需要在适温下保湿 12～30 d，染色体情况不明。

引种栽培情况

在低海拔地区引种尖被百合是比较困难的，它更喜欢气候凉爽的环境，在和尖被百合自然分布地气候近似的地区，引种尖被百合还是可以获得成功的，它喜欢富含腐殖质的微酸性土壤和半阴的环境，定植后尽量少移栽，两三年后会生长良好。

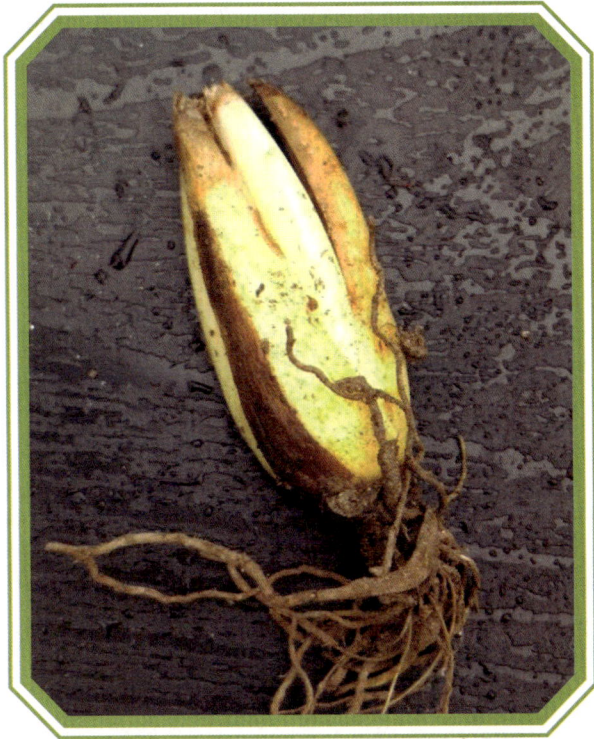

图 3.4.6.1　尖被百合鳞茎（摄影：李懿）

7. 小百合 *Lilium nanum* Klotzsch

概　述

小百合是喜马拉雅山的高山物种，它是一种矮小百合，株高在 16 ～ 34 cm 之间；分布于云南西北部、四川西部和西藏南部及东南部的横断山区，此外，缅甸、尼泊尔、不丹和锡金也有分布；生长于海拔 3 500 ～ 4 500 m 的高山草地、灌木林下或林边。小百合有一变种黄斑百合（*Lilium nanum* var.*flavidum*），花被黄色，无斑点，具有浅蓝色柱头，在云南西北部、西藏南部及东南部和缅甸北部有分布。

生物性状

小百合鳞茎为长圆形，直径 1.5 ～ 2.3 cm；鳞片白色，披针形，长 2.0 ～ 2.5 cm，宽 0.5 ～ 0.8 cm；茎高 10 ～ 30 cm，无毛，鳞茎上部不生根；叶散生，线形，长 6 ～ 11 cm，宽 0.4 ～ 1 cm，位于最上部的叶片常常比花还高。

小百合开花时间大约在 6 月，花为单生，朝外，略下垂，钟状；花被片淡紫色、紫红色或黄色，很少白色，没有或有深紫色斑点；外轮花被椭圆形，长 2.5 ～ 2.7 cm，宽 1.0 ～ 1.2 cm；内轮花被矩圆形或椭圆形，通常比外轮花被更宽一些；蜜腺在两侧都有纤维状的突起；雄蕊向中心会聚，花丝 1.0 ～ 1.5 cm，无毛，黄绿色；花药椭圆形，长约 0.6 cm，花粉黄色；子房长约 1.0 cm，宽 0.3 ～ 0.6 cm；花柱 0.4 ～ 0.6 cm，柱头膨大。

小百合蒴果为黄色，肋上带淡紫色，矩圆形，长 2.8 ～ 3.5 cm，宽 2.0 ～ 2.5 cm；种子萌发类型为子叶出土型，萌发需在适温下保湿 15 ～ 20 d。小百合的染色体数量为 $2n = 48$。

引种栽培情况

作为自然分布于高海拔地区的原生百合，小百合在低海拔地区引种栽培是困难的，小百合的萌发和幼苗生长需要一个凉爽的气候条件，通常日温在 20℃左右，夜温在 10℃左右，不然幼苗就易死亡。在气候适宜的地区引种，需要给小百合提供腐殖质丰富的酸性土壤，以及略有遮阴的环境；定植后最好不要移栽；如果是播种繁殖，那么从种子到开花大概需要 5 ～ 6 年的时间。

8. 紫花百合 *Lilium souliei* Sealy

概　述

紫花百合是我国特有原生百合之一，主要分布在云南的怒江、丽江和迪庆一带，另外，西藏的察隅和四川西部也有分布，它生长于海拔 2 800 ～ 4 000 m 的高山草甸，或灌木丛边。紫花百合植株矮小，外形类似贝母，花被具有百合少见的暗紫色，而且花朵极香，是非常优秀的百合种质资源。在 6 ～ 7 月间，云南贡山、德钦的一些高山草甸可以看到成片开放的紫花百合，非常的壮观美丽。

生物特性

紫花百合鳞茎为卵形，直径 1.0 ～ 3.0 cm，高 1.5 ～ 3.5 cm；鳞片为白色，肉质，卵状披针形；茎长 10 ～ 55 cm，地下部分白色，不生根，地上部分淡绿色，无毛，有青紫色小斑点；紫花百合有叶 5 ～ 11 片，散生，狭椭圆形、卵形或倒披针形，长 2.5 ～ 7.0 cm，宽 0.3 ～ 2.5 cm，先端急变尖，无毛，叶缘有时具小乳头状突起。

紫花百合花期在 6 ～ 8 月，花多为单生，下垂，钟状，有很浓的香味；花被暗紫色至紫红色，通常没有斑点，椭圆形，长 2.3 ～ 4.0 cm，外轮花被宽 0.8 ～ 1.5 cm，内轮花被宽 1.0 ～ 2.0 cm；蜜腺不具乳头状；细丝会聚，绿色，长 1.2 ～ 1.4 cm；花药椭圆形，深紫色，长 0.5 ～ 0.8 cm；子房淡绿色，长 0.3 ～ 0.9 cm；花柱淡绿色，上部渐变青紫色并略有增粗，长 1.2 cm，柱头白色。

紫花百合的蒴果为倒卵形，黄褐色，长 1.0 ～ 1.5 cm，宽 1.0 ～ 1.5 cm；种子为黄色，近圆形，种子萌发情况未知。紫花百合染色体数量为 2n = 24。

引种栽培情况

紫花百合有优良的园艺性状，但是作为一种生长于高海拔地区的原生百合，在多数地方引种栽培是具有难度的，往往长势不良，不花，鳞茎变小，甚至鳞茎腐烂。但是也不用失望，通过种子播种，并一代代锻炼驯化，紫花百合也可以渐渐适应低海拔的环境。苏格兰岩石花园俱乐部（Scottish Rock Garden Club）从 1994 年开始播种紫花百合，在 2003 年获得了紫花百合的开花植株。紫花百合喜欢凉爽的气候条件和富含腐殖质的酸性土壤，生长期要进行一定的遮阴，种植后尽量不要移栽。

图 3.4.8.1　紫花百合鳞茎（摄影：李懿）

9. 黄花百合 *Lilium xanthllum* var.*luteum*

概　述

黄花百合（*Lilium xanthllum* var.*luteum*）分布于我国云南和西藏的部分地区，缅甸北部，尼泊尔、不丹和锡金也有分布；生长在海拔 4 000 m 左右的高山草甸和森林边缘。黄花百合曾被认为和小百合的变种黄斑百合（*L. nanum* var.*flavidum*）是同一物种，中文版《中国植物志》第14卷没有描述这种百合，而英文版 *Flora of China* VOL. 24 也没有单独收录这种百合，但是提到了英国爱丁堡皇家植物园的亨利·诺蒂（Henry Noltie）关于黄花百合的研究论文[12]；亨利·诺蒂于2000年在 *New Plantsman* 发表文章指出黄花百合和小百合变种黄斑百合（*L.nanum* var.*flavidum*）有较大差异，应该是独立的一个物种[13]。黄花百合与黄斑百合的主要区别是黄花百合有披针形的叶片，茎上部的叶片不会高于花，有金黄色无斑点的花被；而黄斑百合叶片为线形，茎上部叶片高于花（参见小百合图片），花被为淡柠檬色。

生物性状

黄花百合鳞茎为卵圆形，直径 1.5～2.3 cm；鳞片白色，披针形；茎长 10～30 cm；叶散生，长约 6.0 cm，宽约 0.8 cm。

黄花百合花期在6～7月，花单生，花朵下垂；花被片亮黄色，无斑点，长 2.5～2.7 cm，宽 1.0～1.2 cm；蜜腺两边具流苏状突起；花丝长约 1.2 cm，绿色，花药棕褐色，长 0.6 cm，花粉土黄色；子房圆柱形，柱头前端膨大，3 裂。

黄花百合蒴果长 2.8～3.5 cm，黄色，带紫色斑点；种子萌发类型为子叶出土型。黄花百合染色体数量为 2n = 24。

引种栽培情况

黄花百合是一种自然分布于高海拔山区的原生百合，在低海拔地区引种栽培较为困难。在尼泊尔和我国西藏有一些爱好者通过播种繁殖来逐步地驯化黄花百合，使其能适应海拔较低一点地区的环境条件；黄花百合喜欢凉爽的气候条件和腐殖质丰富的酸性土壤，种植时要进行适度遮阴，尽量避免移植，通常从播种到开花需要长达 5 至 6 年的时间。

10. 条叶百合 *Lilium callosum* Siebold & Zucc.

概　述

条叶百合（*Lilium callosum*）在我国广东、浙江、安徽、江苏、河南、台湾、辽宁、吉林和黑龙江等省，日本、朝鲜半岛和西伯利亚都曾有自然分布；生长于海拔 100～900 m 的山坡草地含石灰岩的地区。条叶百合的种加词"callosum"是厚皮（thick skin）的意思，它曾经可能是亚洲分布范围最广泛的原生百合之一，但是现在由于生境的破坏和人为的采挖，条叶百合在许多曾经有报道的自然分布区已经踪迹难觅[14]，野生条叶百合种植资源亟待保护。条叶百合花被颜色通常为橙色或橙红色，日本的冲绳有一花被为黄色的变种 *Lilium callosum* var.*flaviflorum*。

生物性状

条叶百合鳞茎呈扁平球状，直径 1.5～3.0 cm；鳞片白色到淡黄色，卵形到披针形，长 1.5～2.0 cm，宽 0.6～1.2 cm；茎长 20～100 cm；叶散生，无叶柄，线形，长 3.0～13.0 cm，宽 0.1～0.8 cm，每叶有叶脉 3 条，无毛，叶片边缘有细乳头状突起。

条叶百合花期在 7～8 月，总状花序，每株可开花 1～9 朵，花朵下垂，有光泽，带芳香味；花梗长 2.0～5.0 cm，弯曲，具苞片 1～2 片；花被片强烈反卷，橙色或橙红色，几乎没有斑点，倒披针形，长 3.0～4.5 cm，宽 0.4～0.8 cm；蜜腺两边具稀疏的乳头状突起；花丝长 2.0～2.5 cm，无毛，花药橙色，长约 0.7 cm；子房圆柱形，长 1.0～2.0 cm；花柱短于或等于子房，柱头膨大，3 裂。

条叶百合蒴果为狭长圆形，长 2.5～4.0 cm，宽 0.6～2.0 cm；种子萌发类型为子叶出土型，整个萌发过程需要在适温下保湿 14～28 d[15]。条叶百合染色体数量为 2n = 24。

引种栽培情况

条叶百合是亚洲分布范围最广的百合之一，小巧的橙红色花散发出令人愉悦的香气，但是条叶百合人工引种栽培并不常见。由于栖息地的破坏，野生种植资源减少，对条叶百合进行引种栽培保护很有必要，崔凯峰等人报道了对条叶百合的成功引种栽培，他们的研究表明条叶百合的人工栽培还是比较容易的，通过早期干旱炼苗，人工栽培条叶百合的株型、鳞茎生长情况均优于野生条叶百合[16]。条叶百合种子易萌发，对病毒有较佳抵抗力，喜阳，耐石灰，栽培时采用腐殖质丰富的排水良好的土壤，幼苗期提供适度的遮阴，还需做到薄肥勤施。

11. 垂花百合 *Lilium cernuum* Kom.

概　述

垂花百合（*Lilium cernuum*）在我国吉林省和辽宁省的部分地区有分布；此外，朝鲜半岛和西伯利亚也有分布，生长于海拔 300～1 000 m 的山坡林下、林缘、灌木丛或草丛。垂花百合的学名种加词"cernuum"源自拉丁语 cernuus，意为面朝下垂，反映垂花百合花朵面朝地下低垂的形态。垂花百合生活的地方非常寒冷，它的叶片很狭长，在接近根部的地方叶片大多聚集在一起，这样的结构有利于保持温度。垂花百合花被片通常为紫色或紫红色，报道有一变种 *L.cernuum var.album* 花被片为白色或黄白色，后背还带有淡淡的粉红色；但是，也有人认为，*L.cernuum var.album* 是山丹的一个变种，而不是垂花百合的变种，这有待进一步确定。

生物性状

垂花百合鳞茎为矩圆形或卵圆形，直径 2.5～4.0 cm；鳞片白色，披针形到卵形；茎长 30～80 cm，人工栽培条件下可达 120 cm，光滑无毛；叶散生，无叶柄，狭线形，长 4.0～18.0 cm，宽 0.1～0.5 cm，边缘稍弯曲，具细乳头状突起，中脉突出。

垂花百合花期在 6～7 月，总状花序，每株可开花 1～8 朵，花朵下垂，带淡香味；花梗长 6.0～18.0 cm，前端弯曲，苞片叶状，条形，长约 2.0 cm；花被片强烈反卷，淡紫色、丁香紫色或亮紫色，基部有深紫色斑点，披针形到长圆形，长 3.5～4.5 cm，宽 0.8～1.0 cm；蜜腺两边密被乳头状突起；花丝浅绿色，长约 2.0 cm，无毛；花药深紫色，长约 1.4 cm，花粉朱红色；子房圆柱形，长 0.8～1.0 cm，花柱长 1.5～1.7 cm，绿色，带紫褐色斑点，柱头膨大，3 裂。

垂花百合蒴果为球状或卵球状，长 1.2～20 cm，宽 1.0～1.5 cm；种子萌发类型为子叶出土型，整个萌发过程需在适温下保湿 10～30 d。垂花百合的染色体数量为 2n = 24。

引种栽培情况

垂花百合是一种美丽、优雅、芬芳的原生百合，是花园装饰的良好选择，近年来野生种植资源日渐稀少，人工引种栽培是保护垂花百合种质资源的一个好办法。黄利亚等人进行了垂花百合园艺栽培技术的研究，发现人工栽培状况下的垂花百合花、叶和鳞茎的长势都优于野生垂花百合，栽培中遇到的主要问题是病虫害较多，易倒伏[17]。垂花百合喜阳（幼苗期要适度遮阴），非常耐寒，也可以适应不同类型的土壤，人工栽培总体上说是比较容易的；但需要排水良好、沙质的土壤；必须在冬季保持土壤干燥，否则鳞茎易腐烂；易发生植物病毒感染，需要做相关防护；还有就是耕种寿命短，通常只有 2～3 年，需要做好播种替换工作。

12. 宝兴百合 *Lilium duchartrei* Franch.

概 述

宝兴百合（*L.duchartrei*）是一种我国特有的原生百合，分布于四川、云南、西藏和甘肃的青藏高原边缘的一些山区，生长于海拔 2 300～3 500 m 的林缘、灌木丛和高山草地。宝兴百合与大理百合（*L.taliense*）和匍茎百合（*L.lankongense*）有较紧密的亲缘关系，中文版《中国植物志》14 卷将匍茎百合归入了宝兴百合中，但是在英文版 *Flora of China* VOL. 24 中两者仍然是作为独立的种来论述，沈呈娟等人对宝兴百合与匍茎百合遗传多样性做了 ISSR 分析，结果显示，宝兴百合与匍茎百合在分子水平上有明显分化，支持二者是独立的物种[18]。宝兴百合花形优雅，色泽清丽，香味浓郁迷人，是极有潜力的园林花卉品种和商品百合育种种质资源。

生物特性

宝兴百合的鳞茎为卵圆形，直径不超过 4 cm；鳞片白色，曝露于空气中会渐变为黄色，披针形到卵形，长 1.0～2.0 cm，宽 0.5～0.8 cm；茎长 40～100 cm，有时具地下匍匐茎，茎绿色，有时带少量紫红色斑纹，无毛，有时带细小乳头状突起；叶散生，披针形或矩圆状披针形，长 4.5～5.0 cm，宽约 1 cm，两面无毛，有时叶缘有细乳头状突起，每叶有叶脉 3～5 条，叶腋具一簇白色绒毛。

宝兴百合花期为 6～8 月，伞形花序，每株可开花 1～12 朵，花朵下垂，带有宜人的香味；苞片叶状，披针形，长 2.5～4.0 cm；花梗长 10.0～22.0 cm；花被片强烈反卷，白色，带紫红色斑点，开放一段时间后花被片会渐变为紫红色，长 4.5～6.0 cm，宽 1.2～1.4 cm；蜜腺两边具乳头状突起；花丝长约 3.5 cm，淡绿色，花药长约 1.0 cm，土黄色，花粉深红棕色；子房圆柱形，长 1.2～2.0 cm，花柱长 2.8～3.3 cm，前端膨大，3 裂。

宝兴百合蒴果椭圆形，长 2.5～3.0 cm，宽约 2.2 cm；种子具 0.1～0.2 cm 宽的翅，种子萌发类型为子叶出土型，整个萌发过程需要在适温下保湿 10～30 d。宝兴百合染色体数量为 2n = 24。

引种栽培情况

宝兴百合自然分布区海拔较高，低海拔地区引种时易出现生长不良、不花和少花甚至鳞茎变小或腐烂，需要做一下适应性炼化栽培，用种子播种繁殖更易适应低海拔地区。栽培宝兴百合时要提供半阴且湿润的栽培环境；土壤方面，宝兴百合似乎更喜欢碱性土壤而不是酸性土壤。

图 3.4.12.1 宝兴百合（摄影：李懿）

图 3.4.12.2　宝兴百合（摄影：李懿）

图 3.4.12.3　宝兴百合鳞茎（摄影：李懿）

13. 绿花百合 *Lilium fargesii* Franch.

概 述

绿花百合（*Lilium fargesii*）是我国特有原生百合之一，分布于我国湖北、陕西、四川和云南等省，生长于海拔 1 400 ～ 2 300 m 的山坡草地或林下。它于 1892 年由法国植物学家 Adrien René Franchet 以法国传教士 Paul G Farges 的名字命名。绿花百合是一种矮小的百合，相较其他百合，绿花百合的花朵也比较娇小，它有淡淡的香味，最特别的是它还有其他百合少见的绿色花被，是一种很有特色的原生百合。

生物性状

绿花百合的鳞茎为卵形或狭卵形，白色，鳞茎较小，直径 1.0 ～ 2.5 cm；鳞片披针形，长 1.5 ～ 2.0 cm；茎高 20 ～ 70 cm，绿色，常带褐色，具小乳头状突起；叶散生，在茎中上部密集，线形，长 7.0 ～ 18.0 cm，宽 0.2 ～ 0.5 cm，两面无毛。

绿花百合花期在 7 ～ 8 月，总状花序，每株可开花 1 ～ 6 朵，花朵下垂，有淡香味；苞片叶状，长 2.3 ～ 2.5 cm；花被片强烈反卷，绿色或绿白色，带紫红色或紫褐色斑点，披针形，长 3.0 ～ 4.0 cm，宽 0.7 ～ 1.0 cm；蜜腺两侧具乳头状突起或流苏状突起；花丝浅绿色，长 2.0 ～ 2.2 cm，无毛，花药土黄色，肾状矩圆形，花粉土黄色；子房圆柱形，浅绿色，长 1.0 ～ 1.5 cm；花柱淡绿色，长 1.2 ～ 1.5 cm，前端略膨大，3 浅裂。

绿花百合蒴果为卵形或矩圆形，浅褐色，长约 2.0 cm，宽约 1.5 cm；种子萌发类型为子叶出土型，种子萌发率低，萌发需在低温下处理 3 ～ 6 个月。绿花百合染色体数量为 2n = 24。

引种栽培情况

绿花百合种子萌发率低，萌发困难，小鳞茎的抗寒性也不是特别强，目前绿花百合野外种质资源日渐稀少，亟待保护[19]。栽培绿花百合需要给它提供一个排水良好的半阴的栽培环境，以带粗颗粒且含腐殖质的沙壤土或壤土栽培为佳，还要做好栽培土壤的消毒工作。

14. 哈巴百合 *Lilium habaense* F.T.Wang & Tang

概 述

哈巴百合（*Lilium habaense*）分布于云南省西北部的横断山区，生长于海拔

3 300～4 300 m 的林缘、空旷的草地或石灰岩上。《云南植物志》第七卷中记述，通过模式标本比较，哈巴百合（*L. habaense*）与单花百合（*L. stewartianum*）和松叶百合（*L. pinifolium*）非常近似，认为哈巴百合（*L. habaense*）与单花百合（*L. stewartianum*）或为同种异名；认为松叶百合（*L. pinifolium*）或为哈巴百合（*L. habaense*）变种[20]。高云东等人的研究也认为，哈巴百合（*L. habaense*）、单花百合（*L. stewartianum*）和乡城百合（*L. xanthellum*）或为同一种，建议将哈巴百合（*L. habaense*）和乡城百合（*L. xanthellum*）调整入单花百合（*L. stewartianum*）中[21]。

生物性状

哈巴百合鳞茎为卵球形，直径 1.5～2.2 cm；鳞片为卵形或披针形，肉质，长 2.0～2.5 cm，宽 0.5～1.0 cm；茎长 45～60 cm，光滑；叶散生，具叶十余枚，线状，长 5.5～8.8 cm，宽 0.2～0.4 cm，无毛，边缘弯曲。

哈巴百合花期在 7～8 月，花单生；花梗长 3.0～8.0 cm，苞片叶状，长 5.0～6.0 cm；花被绿色，强烈反卷，有浓密的褐色到紫色斑点，披针形，长 3.0～3.5 cm，宽 0.5～0.6 cm；蜜腺两边光滑无突起；花丝绿色，长 0.6～1.0 cm，无毛；花药紫褐色，狭长圆形，长 0.9～1.0 cm，花粉土黄色；子房圆柱形，长 0.6～1.0 cm，花柱长 1.0～1.5 cm，前端膨大，3 裂。

哈巴百合的蒴果、种子和染色体情况未知。

引种栽培情况

哈巴百合自然分布地区狭窄，分布地海拔高，野生种植资源少见，目前未见人工引种栽培的报道，其园艺栽培特性未知。

15. 丽江百合 *Lilium lijiangense* L.J.Peng

概　述

丽江百合是我国特有的原生百合之一，在四川和云南有分布，云南主要分布在丽江地区，四川在凉山州宁南县也有发现，宁南县发现的丽江百合曾经被确认百合新种——宁南百合 *Lilium ningnanense*（参见《四川植物志》第 7 卷）。丽江百合生长于海拔 3 300 m 以上的高山草甸和灌木丛中。

生物性状

丽江百合鳞茎近球形，直径 2.5～4.0 cm；鳞片白色或淡紫色，披针形，长

2.5～5.0 cm，宽1.0～1.2 cm；茎长40～100 cm，带有紫色斑点或条纹，基部红褐色；叶散生，椭圆形、卵状披针形到披针形，长5.0～11.0 cm，宽1.5～3.0 cm，每叶有7～9根叶脉，叶基部有两小簇白毛。

丽江百合花期为7～8月，花为总状花序，通常每株开花1～5朵，花朵下垂带香味；花柄绿色，长5.5～10.0 cm；花被片呈黄色，有的花后期变白色，具紫色或棕色斑点，长圆形到披针形，强烈反卷，长4.0～4.5 cm，宽0.8～1.5 cm，先端稍具小乳突。蜜腺呈黑色或红色，不具小乳突；雄蕊向四周散开，花丝黄绿色，长2.5～3.0 cm；花药紫色，长约0.7 cm，花粉土黄色；子房长0.7～1.0 cm，宽0.2 cm，花柱黄绿色，长3.0～3.3 cm，前端微膨大，带或不带紫色斑点。

丽江百合蒴果为3裂蒴果，种子萌发特性和染色体情况暂缺相关资料。

引种栽培情况

丽江百合花色明亮，气味芬芳，拥有优良的园艺性状，对园艺爱好者有很大的吸引力，虽然引种生活于高海拔地区的原生百合通常是困难的（因为往往需要克服巨大的气候差异），但是丽江百合是高山百合中较易引种成功的，它能适应多种土壤条件，欧洲和加拿大都有引种成功的报道；栽培丽江百合需要提供排水良好的、阳光充足或半阴的栽培环境。

图 3.4.15.1　丽江百合（摄影：李懿）

图 3.4.15.2　丽江百合（摄影：李懿）

图 3.4.15.3　丽江百合种球（摄影：李懿）

图 3.4.15.4　丽江百合花粉（100 倍视野）（摄影：李懿）

16. 湖北百合 *Lilium henryi* **Baker**

概　述

湖北百合（*Lilium henryi* Baker）是我国特有原生百合之一，分布于湖北、贵州、重庆和江西的一些地区，生长于海拔 700～1 200 m 的灌木丛或岩缝中。湖北百合和南川百合外形上是非常相似的，主要的区别在于湖北百合的叶片更宽大，花朵带有的紫红色斑点更少，蒴果更短。日本的 Nishikawa 等人比较了 55 种野生百合的 18S～25S 核糖体 DNA 的 ITS 序列，发现湖北百合相对于其他卷瓣组成员和喇叭组的 6a 小组有更密切的亲缘关系，而喇叭组的 6a 小组和喇叭组的 6b 小组亲缘关系较远，反而和具柄组成员有较近的亲缘关系[1]。Nishikawa 等人的结论被百合杂交育种中的一些事实所支持，湖北百合和喇叭组的 6a 小组成员及具柄组成员很容易杂交成功，和其他卷瓣组成员杂交反而会有一些困难。19 世纪 50 年代湖北百合与美丽百合变种 *L. speciosum* var. *rubrum* 杂交得到的 2 倍体杂交种，然后用秋水仙素处理得到 4 倍体杂交种，这个 4 倍体杂交种就是著名的商业百合黑美人（Black Beauty）。

图 3.4.16.1　湖北百合（摄影：李懿）

生物性状

湖北百合鳞茎近球形，直径 5.0～6.0 cm，人工栽培条件下鳞茎直径可达 10.0 cm，甚至更大；鳞片白色，见光后变为黄色，又渐变为紫褐色，卵状披针形或披针形，长 3.5～4.5 cm，宽 1.5～2.0 cm；茎长 100～200 cm，平滑无毛，中下部充满紫褐色斑纹，地下部分茎段生根；叶散生，深绿色，有光泽，具 2 型叶，上部叶片极短，卵圆形或卵形，无叶柄，长 2.0～4.0 cm，宽 1.5～2.5 cm；中下部叶片更长，披针形或卵状披针形，长 7.5～15.0 cm，宽 1.5～3.0 cm，先端渐尖，两边平滑无毛，具短柄，有叶脉 3～5 条。

图 3.4.16.2　湖北百合鳞茎（摄影：李懿）

湖北百合花期为 6～8 月，总状花序，每株可开花 2～12 朵，人工栽培时可达 20 朵以上，花朵水平，无香味；苞片和上部叶片相似，卵形或卵圆形，长 1.5～3.5 cm，宽 1.0～2.0 cm；花被片强烈反卷，橙色或橙黄色，有稀疏的紫红色或紫黑色斑点，披针形或矩圆状披针形，长 5.0～8.0 cm，宽约 2.0 cm；蜜腺绿色到深绿色，两边有流苏状突起；雄蕊向四周散开，花丝绿色，长约 4.5 cm；花药朱红色，狭矩圆形，长约 1.5 cm；花粉深橙色；子房圆柱形，长约 1.5 cm，花柱绿色，长约 5.0 cm，前端微膨大，3 浅裂。

　　湖北百合蒴果矩圆形或卵球形，褐色，长 4.0～4.5 cm，宽 2.0～3.5 cm；种子萌发类型为子叶出土型，整个萌发过程需要在适温下保湿 60～75 d，新鲜种子萌发会快一些。湖北百合染色体数量为 2n = 24。

图 3.4.16.3　湖北百合（摄影：李懿）

引种栽培情况

湖北百合中度喜光喜温，适合在温带或亚热带低海拔地区种植，湖北百合可适应大多数土壤环境，是一种容易栽培的原生百合，适合喜爱百合的园艺初学者栽培。

图 3.4.16.4　湖北百合中下部叶片（摄影：李懿）

17. 柠檬色百合 *Lilium leichtlinii* Hook.f.

概　述

柠檬色百合只在日本有自然分布，可以生长于海拔 0 ～ 1 300 m 的山谷林边和山地草原富含石灰石的地方，我国有其变种大花卷丹（*Lilium leichtlinii* var. *maximowiczii*）。大花卷丹相较柠檬色百合分布范围更为广泛，我国的吉林、辽宁、河北和陕西，以及日本、朝鲜半岛和西伯利亚都有大花卷丹的自然分布，而且，大花卷丹的抗逆性也强于柠檬色百合，现在有学者认为大花卷丹似乎更适合作为种，而柠檬色百合才是大花卷丹的一个变种，而现在的这个情况是因为柠檬色百合被西方植物学者率先发现，并且做了双名法命名。

生物性状

柠檬色百合鳞茎为球形，直径约 4 cm，鳞片白色；茎长 50～200 cm，茎上有紫色斑点，带白色绒毛；叶片散生，无叶柄或具短叶柄，狭披针形，长 3～15 cm，宽 0.6～1.6 cm，嫩叶具白色绒毛，成熟后无毛，每叶有 3～7 条叶脉，在叶腋处没有小鳞茎，这一点是和卷丹的最大差别。

柠檬色百合花期为 7～8 月，总状花序，每株开花 2～10 朵，很少单生，花朵下垂，无香。花被强烈反卷，黄色，带有浓密紫棕色斑点，长 4.5～9.0 cm，宽 1.0～1.5 cm；蜜腺乳头状，两面具流苏状突起；雄蕊向四周散开，花丝约 4.0 cm 长，无毛，黄色；花药长 1.0～1.5 cm，朱红色；花粉呈棕色；子房圆筒状，长 1.2～1.3 cm，宽 0.2～0.3 cm；花柱长约 3.0 cm。

柠檬色百合蒴果为椭圆形，长约 3.0 cm，种子萌发方式为延迟的子叶出土型萌发，当年采收的种子通常需要经过一段时间的低温处理才能萌发。柠檬色百合染色体数量为 $2n = 24$。

引种栽培情况

相较大花卷丹，柠檬色百合的引种栽培是更加困难的，它需要排水良好的土壤和充满阳光的环境，通常要求深植，鳞茎种植于离地表 10～15 cm 的地方。而大花卷丹在排水良好的情况下，可以适应多数的种植条件。

大花卷丹 *Lilium leichtlinii var. maximowiczii*

大花卷丹和卷丹及柠檬色百合高度相似，它与卷丹的最大不同之处是叶腋没有珠芽，和柠檬色百合的主要不同在于花被和花丝的颜色，大花卷丹的花被为橙红色至深朱红色，花丝为橙色；此外，大花卷丹各部器官都略大于柠檬色百合，抗逆性也优于柠檬色百合，人工栽培更加容易；还有就是大花卷丹的种子萌发特性和柠檬色百合也有差异，多数大花卷丹的种子在当年采收之后，通过 17～30 d 的保湿即可萌发，少数需要经过一段时期低温处理才能萌发。

图 3.4.17.1 大花卷丹（摄影：李懿）

图 3.4.17.2 大花卷丹种球（摄影：李懿）

图 3.4.17.3　大花卷丹（摄影：李懿）

图 3.4.17.4　大花卷丹花粉（摄影：李懿）

图 3.4.17.5　大花卷丹花被片上流苏状突起（摄影：李懿）

18.卷丹 *Lilium lancifolium* Thunb.

概　述

卷丹是一种在我国分布极为广泛的原生百合，南至广西，北到吉林，从西藏向东一直到江浙一带都有它的自然分布，常生于海拔 400～2 500 m 的山坡林地、林边或草丛中，日本和朝鲜半岛也有分布。卷丹的花被为朱红色并且强烈向后反卷，故有"卷丹"之名，欧美园艺界常称卷丹为"Tiger Lily"，意其花被图案似虎豹斑纹。卷丹也是中国三大栽培百合之一，江苏宜兴栽培卷丹已经有数百年历史，因此，卷丹也有"宜兴百合"之名，"宜兴百合"有太湖之参的美誉，可食用，也可以入药，有润肺止咳、清脾除湿、补中益气、清心安神的功效。"宜兴百合"于 2007 年入选中国国家地理标志保护产品，宜兴太湖边农户多有种植"宜兴百合"者，目前种植面积超 2 000 亩（约 667 m²），每年为宜兴农户带来超 5 000 万元的经济收益。卷丹由于明亮的色彩、优良的抗逆性，也是商品百合育种的重要亲本，广泛用于商品百合杂交育种。卷丹有多个变种，比如：黄色的 *Lilium lancifolium* var. *flaviflorum*，小型化的 *Lilium lancifolium* var. *plenescens*。

生物性状

卷丹鳞茎为球状，直径 4～10 cm，有匍匐茎；鳞片为白色或黄白色，披针形，长 2.5～3.0 cm，宽 1.4～2.5 cm；茎高 80～150 cm，带紫色条纹，茎上有白色短密棉毛；叶片散生，披针形，无叶柄，长 6.5～18 cm，宽 1～2 cm，每叶具 5～7 条叶脉，两面近无毛，边缘具乳头状突起，在茎上部的叶腋还有深棕色小鳞茎，也称为珠芽。

卷丹花期为 7～8 月，总状花序，通常每株开花 3～20 朵，甚至更多，花朵下垂；花被片强烈反卷，朱红色，带有深紫色斑点；外轮花被片披针形，长 6.0～10.0 cm，宽 1.0～2.0 cm；内轮花被片披针形，较外轮花被片稍宽；蜜腺两边有乳头状和流苏状突起。雄蕊向四面张开，花丝白色到浅红色，长 5.0～7.0 cm，无毛；花药矩圆形，长约 2.0 cm，花粉黑巧克力棕色；子房 1.5～2.0 cm，花柱长 4.5～6.5 cm，前端微膨大。

卷丹蒴果为 3 裂蒴果，卵形或长圆形，长 3.0～4.0 cm；种子萌发的方式为快速的子叶出土型萌发，对于新鲜的种子萌发需在适温下保湿 10～17 d，而对老种子需要保湿 30～45 d 才能萌发。卷丹染色体数量为 2n = 24 或 3n = 36。

引种栽培情况

卷丹可以说是最容易栽培的百合花之一，只要为它提供良好的排水条件，它几乎可以适应各种花园条件，是百合栽培入门级爱好者的最佳选择之一，也是我国常用于园林绿化的原生百合之一。但是，卷丹很容易受到病毒的感染，由于其自身有很好的耐受性而可能不会出现感染症状，但其可以将病毒传播给其他种类的百合，使其致病。因此，园林栽培中，应该尽量将卷丹与其他百合分开种植，并应仔细消毒用于修剪卷丹的园艺工具。

图 3.4.18.1　卷丹（摄影：李懿）

图 3.4.18.2　卷丹（拍摄于青岛崂山景区）（摄影：李懿）

图 3.4.18.3　卷丹珠芽（摄影：李懿）

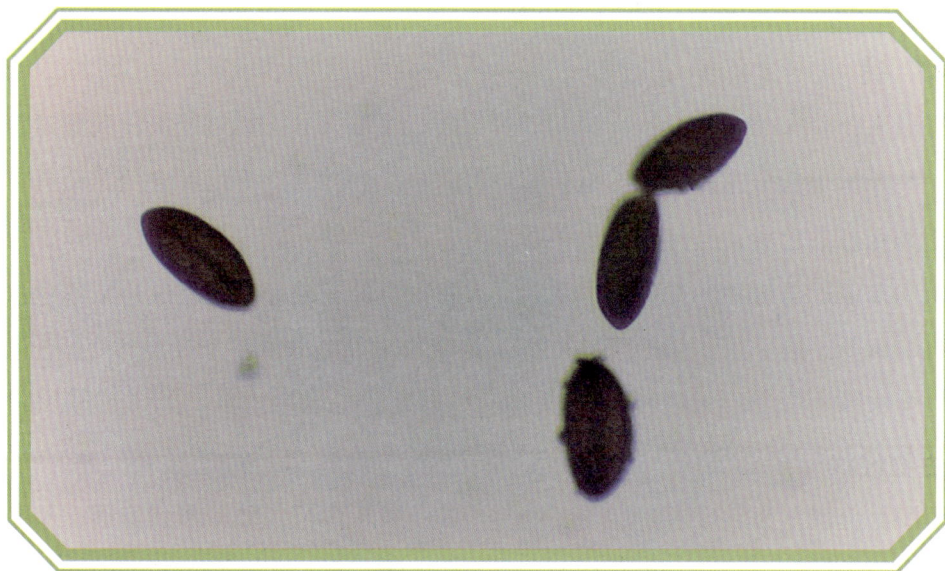

图 3.4.18.4 卷丹花粉（摄影：李懿）

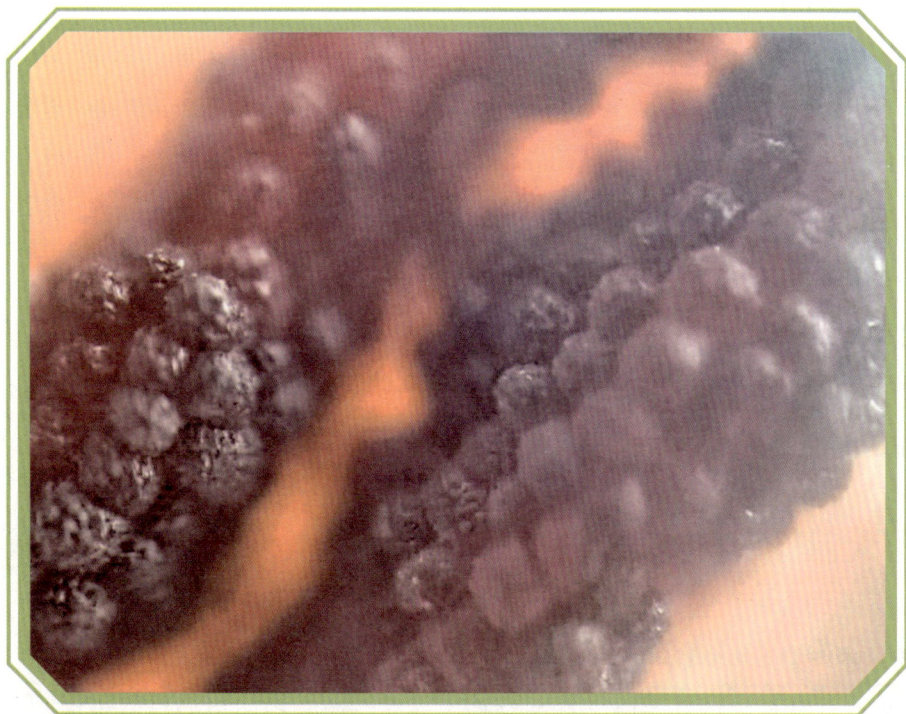

图 3.4.18.5 卷丹花被片流苏状突起（摄影：李懿）

19. 秀丽百合 *Lilium Amabile* Palib.

概　述

秀丽百合（*Lilium Amabile*）又叫朝鲜百合，主要分布于朝鲜半岛，我国辽宁和吉林的一些地区也有分布；生长于山坡草甸、灌丛间和林边。秀丽百合的花朵具有光泽的质地和强烈的色彩，当与其他物种杂交时，这两个特征很容易遗传，所以秀丽百合很早就是商业百合育种的重要亲本之一。秀丽百合的花被通常为橙红色或红色，目前发现有一黄色花被变种，定名为 *Lilium amabile* var. *luteum*，但也有人对其是否为秀丽百合变种有疑问，许多权威数据库尚未接纳其为秀丽百合的变种。

生物性状

秀丽百合鳞茎为卵球形，直径 2.5～4 cm；鳞片白色，披针形到卵形，最大长约 4.0 cm，宽约 2.5 cm；茎长 40～100 cm，遍布短硬白毛，地下部分茎段生根；叶散生，披针形，狭窄，长 2.0～10.0 cm，宽 0.5～1.0 cm，两面具白色硬毛，边缘具毛。

秀丽百合花期在 6～7 月，总状花序，每株可开花 1～6 朵，花朵下垂，有光泽的质地，气味难闻；花被片强烈反卷，红色或橙红色，带黑色斑点，长 3.5～6.0 cm；外轮花被片宽 0.8～1.0 cm，内轮花被片部宽 1.4～1.6 cm；蜜腺两边具乳头状突起；花丝橙色，花药黑巧克力棕色，花粉砖红色；子房圆柱形，长约 1.2 cm，花柱橙色，前端膨大，3 裂。

秀丽百合种子萌发类型为子叶出土型，萌发率较高，萌发适温在 20～25℃，整个萌发过程需要在适温下保湿 8～20 d[23]。秀丽百合的染色体数量为 2n = 24。

引种栽培情况

秀丽百合自然分布范围狭窄，虽然花朵带有明亮艳丽的色彩，但是气味并不讨喜，在我国除了一些科研院所外，人工栽培秀丽百合并不常见。秀丽百合抗干旱，喜排水良好的石灰质土壤和半阴的栽培环境，总的说来，它的栽培并不是非常困难的。

20. 匍茎百合 *Lilium lankongense* Franch.

概　述

匍茎百合是我国特有的原生百合物种，云南、西藏和四川的横断山区都有发现，生活在海拔 1 800～3 200 m 的高山草原，尽管中文版的《中国植物志》和各种地方植物志都未曾收录匍茎百合，但是匍茎百合在夏季的横断山区还是比较容易见到的，英文版的 *Flora of China* VOL.24 收录了匍茎百合。匍茎百合美丽、优雅，还带有宜人的芬芳，深受园艺爱好者的喜爱。匍茎百合和宝兴百合及大理百合有较近的亲缘关系。

图 3.4.20.1　匍茎百合（摄影：李懿）

生物性状

匍茎百合鳞茎呈卵球形，直径 2.5 ～ 4 cm，具匍匐茎；鳞片为白色，曝露在空气中一段时间后会变成粉红色，披针形或卵形，长 1.5 ～ 2.0 cm，宽 1.0 ～ 1.5 cm；茎长 40 ～ 150 cm，淡紫棕色，具有乳突，通常在一开始生长时就会水平生长；叶散布，披针形，长 3.0 ～ 10.0 cm，宽 0.5 ～ 1.7 cm，叶背面稍具乳突，有 3 ～ 7 根叶脉。

匍茎百合花期为 6～7 月，总状花序，单株可开花 1 至 15 朵，花朵下垂并带有宜人的芳香；花被片强烈反卷，一开始为粉红色，随着时间增长颜色逐渐变深，还带有深紫色斑点，花被片长 5.0～5.5 cm，宽 0.8～1.0 cm；花被片两边有乳头状蜜腺；花丝长约 3.5 cm，无毛；花药为紫色，长约 1.0 cm；花粉为红棕色。子房长 1.0～1.3 cm，宽 0.2～0.3 cm；花柱长 3.0～4.0 cm。

匍茎百合蒴果为椭圆形，长 1.5～2.5 cm，宽 1.2～2.0 cm；种子具大约 1 mm 宽的翅，种子的萌发类型为子叶出土型，整个萌发过程需要在适温下保湿 15～35 d。匍茎百合的染色体数量为 2n = 24。

图 3.4.20.2　匍茎百合（摄影：李懿）

引种栽培情况

和其他的高山百合相比较，在提供适宜的栽培环境和恰当的护理下，匍茎百合还是比较容易人工引种栽培成功的，在世界多个国家和地区，从欧洲到北美，都有引种栽培匍茎百合的报道，而且生长良好。匍茎百合喜欢排水良好的、阳光充足或半阴的环境，以及腐殖质丰富的偏酸性的土壤，栽培深度通常为 10～15 cm。

图 3.4.20.3　匍茎百合鳞茎（摄影：李懿）

图 3.4.20.4　匍茎百合蜜腺（摄影：李懿）

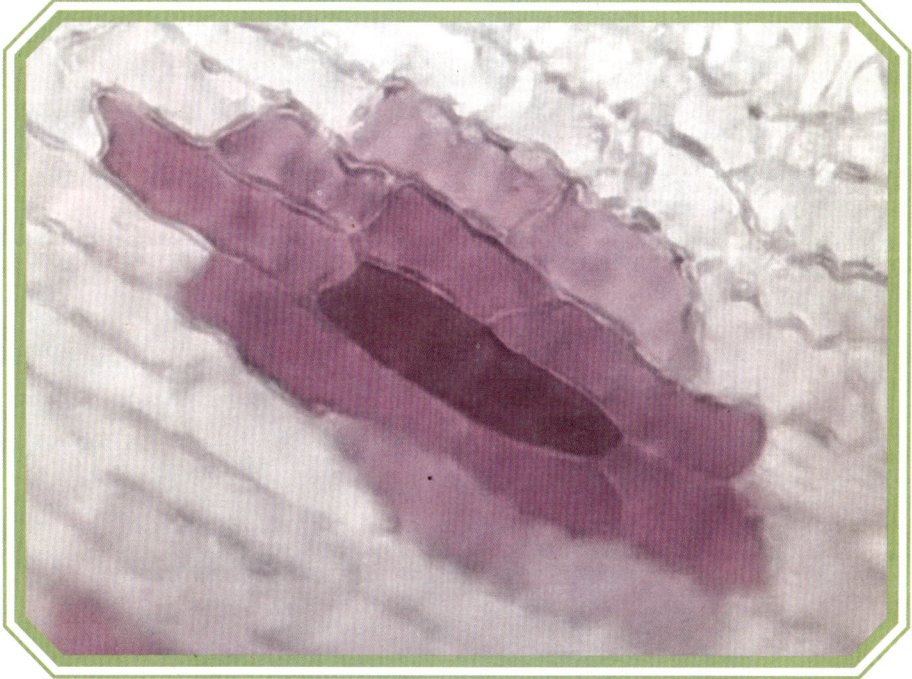

图 3.4.20.5　匍茎百合花被片色斑（摄影：李懿）

图 3.4.20.6　匍茎百合花粉（摄影：李懿）

21. 乳头百合 *Lilium papilliferum* Franch.

概　述

乳头百合是我国特有的原生百合之一，分布于云南省西北部、四川西部和陕西南部，生长于海拔 1 000 ～ 2 300 m 的山坡草地和林地边缘。乳头百合的茎，初期为绿色，后渐渐变为紫色，茎上密布小的乳头状突起，因此得名为乳头百合。

生物性状

乳头百合鳞茎为卵圆形，直径约 2.5 cm；鳞片白色，肉质，卵形或卵状披针形，长 1.5 ～ 2 cm，宽 0.7 ～ 0.8 cm；茎长 30 ～ 60 cm，初期为绿色，后期渐渐转为紫色，茎上密布小乳头状突起，鳞茎上部地下茎生根；叶散生，多集中在茎的中部，长 5.0 ～ 7.5 cm，宽 0.2 ～ 0.4 cm，狭线形，有叶脉 1 条，无毛。

乳头百合花期在 7 月，总状花序，每株开花 1 ～ 5 朵，花朵下垂，带香味。花被紫红色或红棕色，无斑点，强烈反卷，长圆形或椭圆形，基部稍变窄，长 3.5 ～ 3.8 cm，宽 1.0 ～ 1.3 cm；蜜腺两面有突起，并具绒毛；花丝长约 2.0 cm，无毛；花药浅棕色，长约 0.5 cm，宽约 0.2 cm，花粉橙色；子房圆柱形，长约 1.0 cm；花柱长约 1.2 cm，前端略膨大。

乳头百合蒴果圆柱形，长 1.7 ～ 2.5 cm，宽 1.5 ～ 2.0 cm；种子萌发类型为子叶出土型，种子整个萌发过程需要在适温下保湿 8 ～ 15 d。

引种栽培情况

乳头百合自然分布区海拔在 1 000 ～ 2 300 m 之间，喜欢凉爽的气候，在气候相近的地区引种还是可以成功的；它需要良好的排水条件和富含腐殖质的壤土；在气候寒冷的地区，过冬需要做一定的保护措施；用种子繁殖时，种子萌发后需要一个短期的干旱炼苗过程，不然幼苗易死亡。

22. 川百合 *Lilium davidii* Duchartre ex Elwes

概　述

川百合是我国特有的原生百合之一，分布于我国四川、云南、陕西、甘肃、湖北及山西等省份，生长于海拔 850 ～ 3 200 m 的林下或林边、灌木丛、草坡及山村路边。川百合花朵具有光泽的质地和强烈的色彩，当与其他物种或杂种杂交时，这两个特征很容易遗传；在多年以前，川百合就被广泛用于商品百合杂交育种，现代许多商品百合都带有川百合的"血缘"。川百合的变种 *Lilium davidii* var. *unicolor* 和 *Lilium davidii* var. *willmottiae* 在我国都被称为兰州百合。兰州百合、龙牙百合和卷丹是我国三大食用百合，而兰州百合的鳞茎是唯一无苦味的百合鳞茎，适合各种烹饪方式。

图 3.4.22.1　川百合（摄影：李懿）

生物性状

川百合鳞茎为卵球形，直径 3.0 ～ 5.0 cm；鳞片呈白色，曝露于空气中后会渐带紫红色，长 2.0 ～ 3.5 cm，宽 1.0 ～ 1.5 cm；茎长 30 ～ 120 cm，绿色，常具紫色斑点，有细乳头状突起，地下部分茎生根；叶散生，条形，长 7.0 ～ 11.0 cm，宽 0.2 ～ 0.4 cm，边缘常具细乳头状突起并反卷，中脉明显，叶腋常有簇生绒毛。

川百合花期在 6 ～ 8 月，总状花序，每株可开花 1 ～ 20 朵或更多，花朵下垂，无香味；苞片叶状，条状披针形；花被片强烈反卷，橙色到猩红色，有深紫色斑点，外轮花被片矩圆状披针形，长 4.5 ～ 6.5 cm，宽 1.5 ～ 2.0 cm；内轮花被片卵状矩圆形，较外轮花被片稍宽；蜜腺沟两侧密具乳头状突起；花丝长约 5.0 cm，浅橙黄色，花药长约 1.5 cm，花粉猩红色；子房圆柱形，长 1.0 ～ 2.0 cm，花柱浅橙黄色，长 2.5 ～ 3.5 cm，柱头前端膨大，3 浅裂。

川百合蒴果卵状矩圆形，长 2.5 ～ 3.0 cm，宽 1.5 ～ 2.0 cm；种子萌发类型为子叶出土型，种子整个萌发过程需要在适温下保湿 12 ～ 20 d。川百合染色体数量为 $2n = 24$。

引种栽培情况

川百合是一种抗逆性很强的原生百合，干旱炎热的岷江干旱河谷，3 000 m 海拔寒冷高山，肥沃或贫瘠的土壤，它都可以适应；川百合的人工栽培是非常容易的，它可以适应多样的花园条件，很多园艺新手也可以轻松地种植它，只需要适当施肥，保证栽培地不积水即可。川百合有强大的繁殖力，种子产量大而且易萌发，它有一段较长的地下匍匐茎，匍匐茎生根且可以产生小球茎，所以种植川百合时可以很容易地达到一个爆盆的效果。

兰州百合

Lilium davidii var. *unicolor* 和 *Lilium davidii* var. *willmottiae* 在我国都被称为兰州百合，*Lilium davidii* var. *unicolor* 和川百合相比，花被的斑点不明显；*Lilium davidii* var. *willmottiae* 有较长的花梗和不具毛的叶子，花为橙红色的带有棕色斑点，而花为猩红色的则带有黑色斑点，它由植物猎人 E.H. Wilson 以他的赞助人 Ellen Willmott 的名字命名。

兰州百合是我国三大食用百合之一，其味道甜美，无苦味，粗纤维少，口感良好，

中国野生百合

是我国唯一的食用甜百合。2004年国家质检总局正式批准甘肃兰州产的"兰州百合"为中国地理标志保护产品。

图 3.4.22.2　川百合（摄影：李懿）

图 3.4.22.3 川百合（摄影：李懿）

图 3.4.22.4 川百合鳞茎（摄影：李懿）

图 3.4.22.5 川百合花粉（100 倍视野）（摄影：李懿）

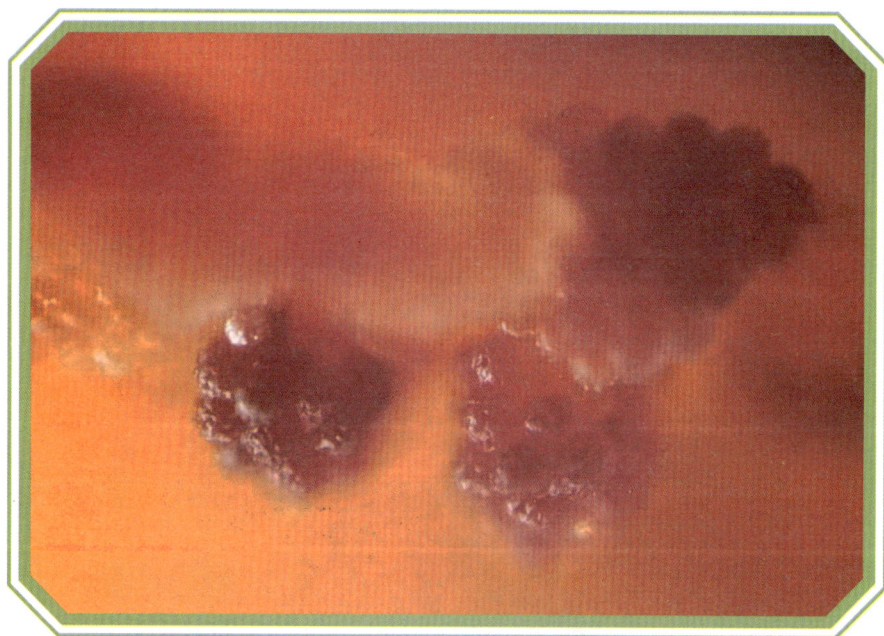

图 3.4.22.6　川百合花被片上流苏状突起（摄影：李懿）

23. 波拉内百合 *Lilium poilanei* Gagnep.

概　述

波拉内百合最早发现于越南，后来在老挝和我国云南省也有发现，它的分布地海拔在 1 000 ～ 2 000 m，主要生长于一些悬崖峭壁上。波拉内百合最早在 1934 年就由法国植物学家加涅帕因（Eugene Poilane）提交资料加以描述 [24]，但是它现在的分类地位还不是很清楚，因此包括中文版《中国植物志》和英文版 *Flora of China* 都没有收录这种植物，它似乎和报春百合（*Lilium primulinum*）及紫斑百合（*Lilium nepalense*）有比较近的亲缘关系。

图 3.4.23.1　波拉内百合（摄影：李懿）

生物性状

波拉内百合的鳞茎为卵形；茎高 50～150 cm，紫红色；叶散生，披针形，长 5.0～10.0 cm，宽 1.5～3.5 cm。

波拉内百合花期大约在 7 月，每株开花 1～3 朵或更多；花被反卷，白色或淡黄色，基部带或不带纹暗红色斑点，中脉粗大，黄绿色；花丝淡绿色，长 4.5～5.5 cm，花药长约 1.0 cm，花粉棕黄色；子房长约 2.0 cm，圆柱形，淡绿色；花柱长 4.0～5.0 cm，淡绿色，前端膨大。

波拉内百合果未见到，染色体情况不明。

图 3.4.23.2　波拉内百合（摄影：李懿）

图 3.4.23.3　波拉内百合（摄影：李懿）

引种栽培情况

在气候凉爽地区引种栽培波拉内百合比较容易成功，在春夏生长期需要有大量的水分，而秋冬休眠期间则需要保持干燥，不然鳞茎易腐烂；波拉内百合需要排水良好的栽培环境，它的耐寒性一般，在冬季严寒地区栽培要有过冬保护措施。

24. 报春百合 *Lilium primulinum* Baker

概　述

报春百合分布在我国的四川、贵州和云南的一些地区，缅甸和泰国也有分布；它生长在海拔 1 100 ～ 3 100 m 的林下、林缘、灌木丛及草坡上；花被常为黄色、黄绿色或淡黄色，类似报春花花色，以此得名报春百合。《四川植物志》《云南植物志》和中文版《中国植物志》都没有收录报春百合，但是在英文版 *Flora of China* VOL.24 做了收录。报春百合在我国有两个变种，紫喉百合和川滇百合；紫喉百合（*Lilium primulinum* var. *burmanicum*）有黄绿色的花被，基部带有紫色斑点，分布于我国云南、缅甸及泰国的一些地区，分布地海拔 1 200 ～ 2 700 m；川滇百合（*Lilium primulinum* var. *ochraceum*）花被黄绿色至淡紫色，基部有一个大的酒红色斑块，主要分布于我国四川、贵州和云南的一些地区。

生物性状

报春百合鳞茎近球形，直径 3 ～ 6 cm；鳞片白色，披针形，长 3.0 ～ 4.5 cm，宽 1.0 ～ 1.5 cm；茎长 60 ～ 200 cm，粗糙；叶散生，披针形，长 3 ～ 12 cm，宽 0.8 ～ 1.4 cm，无毛，具叶脉 3 条。

报春百合花期在 7 ～ 10 月，总状花序，每株开花 4 ～ 9 朵，花朵下垂；花被片反卷，黄色或黄绿色，有时基部有紫色斑点，长圆形至倒披针形，长 3.0 ～ 9.0 cm，宽 1.0 ～ 1.7 cm，内轮花被略宽；蜜腺不具乳头状突起；花丝长 4.5 ～ 5.5 cm，无毛，绿色；花药黑褐色，长约 2.0 cm，花粉朱红色；子房长 1.5 ～ 1.7 cm，宽 0.2 ～ 0.3 cm，花柱长 4.2 ～ 5.0 cm。

报春百合蒴果为棕褐色，长圆形，长 4.0 ～ 7.0 cm，宽 2.8 ～ 3.0 cm；报春百合种子整个萌发过程需要在适温下保湿 21 ～ 28 d。报春百合染色体数量为 2n = 24。

图 3.4.24.1　报春百合（摄影：李懿）

引种栽培情况

在气候环境相近地区引种报春百合并不困难，在春夏季的生长期需要给它充足的水分，而在秋冬季节则需要保持土壤的干燥，防止鳞茎腐烂。当然，和大多百合一样，栽培报春百合还需要给予排水良好的环境和富含腐殖质的土壤。

茎上部叶片　　　茎中下部叶片

图 3.4.24.2　*Lilium primulinum* var. *burmanicum* 叶片（摄影：李懿）

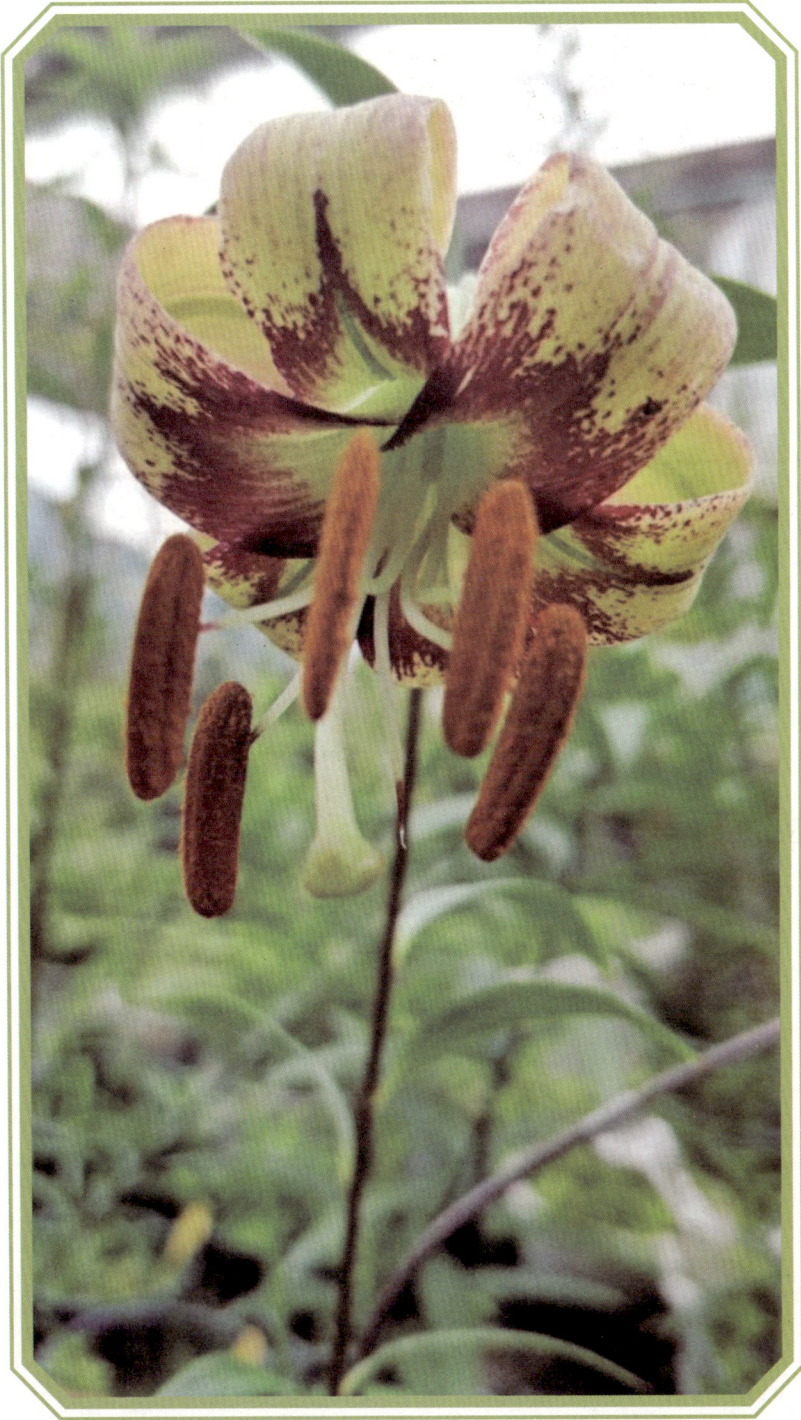

图 3.4.24.3　*Lilium primulinum* var. *burmanicum*（摄影：李懿）

图 3.4.24.4　报春百合花粉（摄影：李懿）

25. 山丹 *Lilium pumilum* Redouté

概　述

"山丹丹开花红艳艳"，山丹又名细叶百合，是我国分布范围最广的百合之一，在我国东北、华北及西北的广大地区有分布，在吉林、辽宁、内蒙古、河北、河南、山东、陕西、甘肃及青海等地都是常见的野生百合，西南的四川、贵州也有一些地区有分布；此外，西伯利亚和朝鲜半岛也有山丹的分布；山丹生长于海拔 400～2 600 m 的向阳山坡，多见于林缘、草丛中和疏生灌木丛。山丹花色艳丽，还具有优良的抗旱性和抗寒性，是重要的商品百合育种种质资源，常用于改良商品百合的抗寒性和耐旱性，是现代亚洲百合杂交种的祖先之一。山丹鳞茎可以食用，花和鳞茎都可以入药，山丹花有活血化瘀、解毒消肿之效，山丹鳞茎有养阴润肺、清心安神的功效。此外，山丹花还含有挥发油，可提取植物精油。有黄色花被和橙色花被的山丹被发现，一些人认为是山丹的变种，另有一些人认为是山丹的杂交种，未证实。

生物性状

山丹鳞茎为卵圆形或圆锥形，直径 2.0～3.0 cm；鳞片白色，卵形，长 2.0～3.0 cm，宽 1.0～1.5 cm；茎长 15～120 cm，有时茎上有紫色乳头状条纹；叶散生于茎的中部附近，线形，长 3.5～9.0 cm，宽 1.5～3.0 cm，有叶脉一条，叶脉背面突出，叶的边缘和叶脉处有细乳头状突起。

山丹的花期在 6～8 月，总状花序，每株可开花 1～20 朵，花朵下垂，有光泽；花被片反卷，鲜红色，通常没有斑点或近基部带有少量斑点，长 4.0～4.5 cm，宽 0.8～1.1 cm；蜜腺两边有乳头状突起；花丝长 1.2～2.5 cm，橙黄色，花药长椭圆状，黄色，长约 1.0 cm，花粉朱红色；子房长 0.8～1.0 cm，花柱长 1.0～2.0 cm，柱头膨大。

山丹蒴果为矩圆形，长约 2.0 cm，宽约 1.5 cm；种子萌发类型为子叶出土型，种子整个萌发过程需要在适温下保湿 9～14 d；山丹有孤雌生殖的现象，一些未经受精的种子也可以成熟。山丹的染色体数量为 2n = 24。

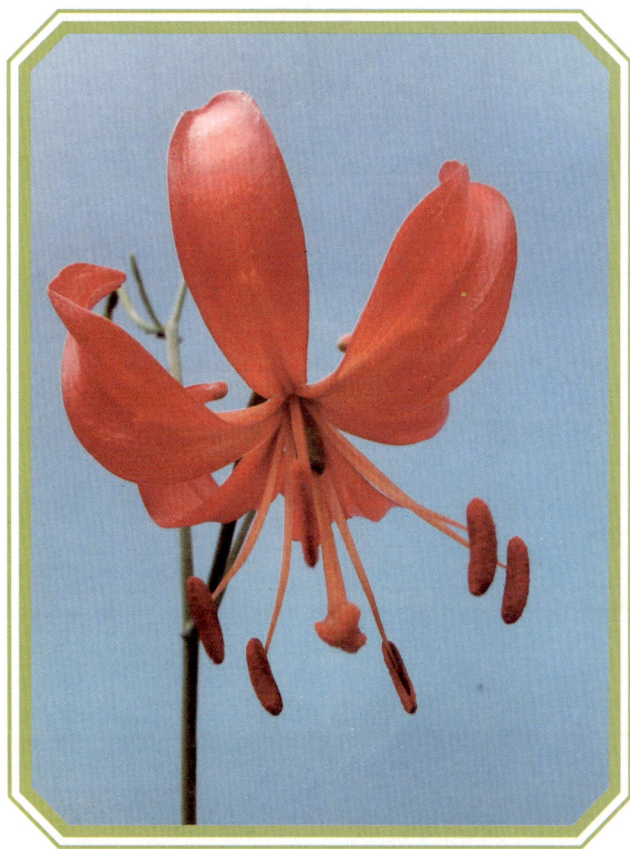

图 3.4.25.1　山丹（摄影：李懿）

引种栽培情况

山丹由于具有优良的抗旱性耐寒性，引种栽培比较容易，是我国人工栽培较多的一种原生百合，在世界上其他很多地区也有引种栽培。山丹可以适应众多的花园环境，但是最好是肥沃的排水良好的无石灰砂质壤土，种植时宜深栽，种植深度最好为鳞茎高度的 5～6 倍。山丹抗旱耐寒，但是夏季温度高、雨水多的地区不适合其户外种植，这样的环境极易引发鳞茎腐烂坏死。

图 3.4.25.2　山丹（摄影：李懿）

图 3.4.25.3　山丹鳞茎（摄影：李懿）

图 3.4.25.4　山丹（摄影：李懿）

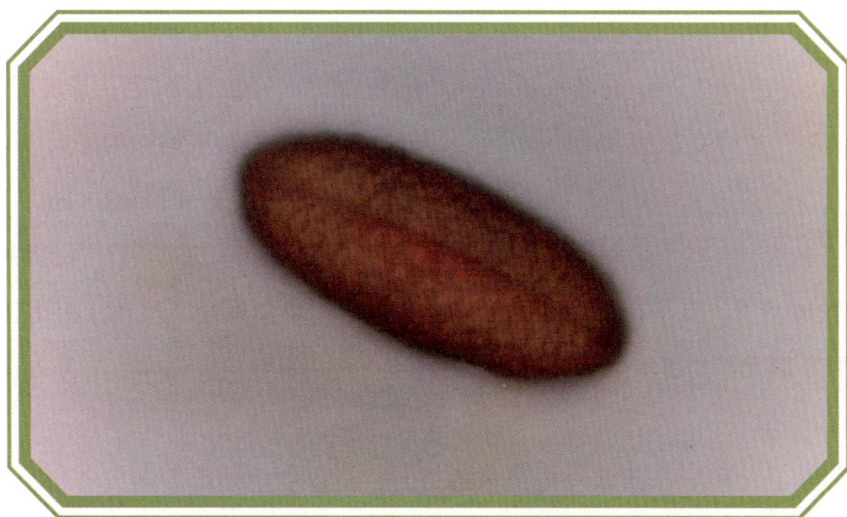

图 3.4.25.5　山丹花粉（400 倍视野）（摄影：李懿）

26. 南川百合 *Lilium rosthornii* Diels

概　述

南川百合是我国特有的原生百合之一，分布于四川、湖北和贵州的一些地区；它生长在海拔 350～900 m 的山沟、溪流边和林地中。南川百合与湖北百合高度相似，主要的区别在于南川百合茎中下部的叶子狭长，为条状披针形，而湖北百合茎中下部的叶子宽大，为矩圆状披针形；南川百合蒴果为棕绿色，长矩圆形，湖北百合蒴果为矩圆形；此外，相较湖北百合，南川百合的茎更短，而且它更耐寒。南川百合的鳞茎可以食用，味甘、微苦，也可入药，有养阴润肺、清心安神的疗效。

生物性状

南川百合的鳞茎近球形，白色，直径 3.0～3.5 cm；鳞片矩圆状卵形，长约 3.0 cm，宽约 1.5 cm；茎长 40～100 cm，平滑，无毛；叶散生，具两型叶，中下部叶片有短叶柄，条状披针形或宽条形，先端渐尖，基部渐狭，边缘平滑，无毛，长 8.0～15.0 cm，宽约 1.0 cm；上部叶片较短，卵形、狭卵形或卵圆形，先端渐尖，基部渐狭，边缘平滑，无毛，长 1.7～4.5 cm，宽 0.5～1.4 cm。

南川百合花期为 6～8 月，总状花序，每株最多可开花 9 朵；苞片和上部叶片相似，卵形或卵圆形，先端渐尖，基部收狭，长 2.0～3.5 cm，宽 1.0～2.0 cm；花被片强烈反卷，黄色或橙红色，有或没有紫红色斑点，披针形，长 5.5～6.5 cm，宽 0.9～1.1 cm；蜜腺绿色或墨绿色，两边都有丝状突起；雄蕊下部靠拢子房，上部向四周散开，花丝长约 6.5 cm，花药狭矩圆形，长约 1.3 cm，花粉棕红色；子房圆柱形，长 1.5～2.0 cm，宽约 0.2 cm，花柱淡绿色，长约 4.5 cm，先端有略微的膨大。

南川百合的蒴果呈棕绿色，狭长圆形，长 5.5～6.5 cm，宽 1.5～1.8 cm；种子萌发类型为子叶出土型，整个萌发过程需要在室温下保湿 22～60 d，南川百合的种子曝露于光下会更快地萌发，但是在黑暗环境下萌发的种子长势会更好。此外，相比其他百合，南川百合种子萌发需要更多水分，更湿润的环境。南川百合的染色体数量为 2n = 24。

引种栽培情况

南川百合是一种分布于低海拔地区的百合，所以在中国南方多数省份引种栽培都是比较容易成功的。南川百合喜欢潮湿凉爽的环境，富含腐殖质的酸性土壤，对水分的要求比较多；另外，春夏还要有适度的遮阴。

图 3.4.26.1　南川百合（摄影：李懿）

图 3.4.26.2　南川百合（摄影：李懿）

图 3.4.26.3　南川百合花粉（摄影：李懿）

图 3.4.26.4　南川百合叶片（摄影：李懿）

27. 大理百合 *Lilium taliense* Franch.

概　述

大理百合主要分布于云南大理、丽江、怒江和迪庆等地，西藏东南部和四川西部的横断山区也有分布，是中国特有的一种原生百合，它生长于海拔 2 600 ～ 3 600 m 的高山针叶林中或林缘，以及高山草甸，花形优美，气味芬芳，极具观赏价值。大理百合和宝兴百合及匍茎百合有密切的亲缘关系。

生物性状

大理百合鳞茎为卵圆形，白色或淡黄色，直径约 2.5 cm，高 3.0 ～ 4.0 cm；鳞片白色，披针形，长 2.0 ～ 2.5 cm，宽 0.5 ～ 0.8 cm；茎长 70 ～ 150 cm，地下部分长 7 ～ 8 cm，具根；地上部分绿色，有小乳头状突起，具紫色斑点；叶散生，狭线形或披针形，长 8.0 ～ 10.0 cm，宽 0.6 ～ 0.8 cm，叶片两边有小乳头状突起，具 1 ～ 3 条叶脉，中脉突出。

大理百合花期在 6 ～ 8 月，总状花序，每株开花 2 ～ 15 朵，花朵下垂，带有宜人的气味；苞片叶状，长圆披针形，长 3.0 ～ 6.0 cm，宽 0.6 ～ 0.8 cm；花被片强烈反卷，白色，内面喉部带黄色，有紫色斑点，外轮花被长圆形，长 4.5 ～ 6.5 cm，宽 1.0 ～ 1.5 cm，内轮花被长圆披针形，长 4.5 ～ 6.5 cm，宽 1.3 ～ 2.2 cm；蜜腺亮绿至深绿色，两边无流苏状突起，也无毛；花丝长约 3.0 cm，绿色，花药长约 1.0 cm，棕色，花粉橙棕色；子房绿色，圆柱形，长 1.4 ～ 1.6 cm，宽 0.3 ～ 0.4 cm；花柱淡绿色，长 2.2 ～ 3.5 cm，柱头膨大。

大理百合蒴果为褐色，长圆形，长约 3.5 cm，宽约 2.0 cm；种子淡褐色，长圆形，具翅，种子萌发类型为子叶出土型，种子整个萌发过程需要在适温下保湿 10 ～ 20 d。大理百合的染色体数量为 2n = 24。

引种栽培情况

大理百合引种栽培比较容易成功，在气候凉爽、阳光充足又有一定遮阴的环境下，各种土壤条件大理百合都可以生长良好。大理百合的人工繁育、商品化栽培是很有潜力的，但是由于人工采挖过于严重，大理百合在原自然分布地区数量日渐稀少，其野生种质资源亟待保护[25]。

图 3.4.27.1　大理百合（摄影：李懿）

28. 金佛山百合 *Lilium jinfushanense* L. J. Peng & B. N. Wang

概　述

金佛山百合于 1986 年被报道，模式标本采集自重庆市南川区，英文版 *Flora of China* VOL.24 收录了金佛山百合；金佛山百合在我国重庆、湖北及贵州的一些地区有分布，生长于海拔 1 800 ～ 2 200 m 的山坡林下；苏格兰的 Alan Mitchell 在看到金佛山百合的照片时，认为金佛山百合明显和大理百合有密切的关系，认为金佛山百合是处于大理百合和丽江百合间的一个中间型，2014 年高云东等人在 *Phytotaxa* 刊文认为金佛山百合应为大理百合的一种生态型 [2]。

生物性状

金佛山百合鳞茎为米白色或淡黄色，近球形，直径 1.0 ～ 3.5 cm；茎具紫色斑点或条纹，高 70 ～ 130 cm；叶散开，披针形，长 5.0 ～ 10.0 cm，宽 0.8 ～ 1.5 cm，具叶脉 3 ～ 5 条，叶边缘具小短毛。

金佛山百合花期在 6 ～ 7 月，花朵下垂，花被片强烈反卷，花带淡香味；花被片呈狭长圆形或倒披针形，长 5.0 ～ 6.0 cm，宽 1.0 ～ 1.2 cm，内部花被片稍宽于外部花被片；花被片呈白色或淡黄色，在基部黄色加深，中上部两边具紫色斑点；蜜腺绿色，光滑；花丝长 4.0 ～ 4.5 cm；花药长 0.5 ～ 0.7 cm，花粉为黄褐色；子房长 1.2 ～ 1.5 cm，花柱长 3.2 ～ 3.5 cm，柱头膨大，3 裂。

金佛山蒴果为倒卵球形，长 2.5 ～ 3.0 cm，宽 1.5 ～ 2.0 cm，果期在 9 月；种子卵圆形或半圆形，淡褐色，具翅。

引种栽培情况

金佛山百合自然分布地海拔低于大理百合，因此金佛山百合在低海拔地区的适应性好于大理百合，在海拔几百米至一两千米的地区都可以正常生长开花结果；金佛山百合喜欢半阴的环境，栽培宜用富含腐殖质的排水良好的土壤。

图 3.4.28.1　金佛山百合（摄影：李懿）

图 3.4.28.2　金佛山百合鳞茎（摄影：李懿）

图 3.4.28.3　金佛山百合花粉（100 倍视野）（摄影：李懿）

图 3.4.28.4　金佛山百合种子（摄影：李懿）

图 3.4.28.5　金佛山百合蒴果（摄影：李懿）

29. 卓巴百合 *Lilium wardii* Stapf ex F.C.Stern

概　述

卓巴百合是我国特有原生百合之一，分布于我国西藏地区，生长在海拔 2 000～3 400 m 的针叶林和灌木丛边多岩石的地方，以及草坡。第一个发现并描述卓巴百合的人是英国植物猎人弗兰克·金登·沃德（Frank Kingdon-Ward），因此卓巴百合的拉丁学名以沃德的名字命名为 *Lilium wardii*。卓巴百合的地下茎较长，在地下茎的根上可产生小鳞茎，这是目前卓巴百合繁殖的主要方式之一。

生物性状

卓巴百合鳞茎近球形，高 2.0～3.0 cm，直径 2.5～4.0 cm；鳞片白色，卵形，长 1.5～2.0 cm，宽 0.7～0.9 cm；茎呈紫褐色，有小乳头状突起，地上部分长 60～100 cm，可达 150 cm；此外，还有 50～70 cm 长的地下茎，地下茎生根，根上可产生小鳞茎；叶散生，披针形，长 3.0～7.0 cm，宽 0.6～0.7 cm，具叶脉 3 条，两面均无毛，叶缘有小乳头状突起。

卓巴百合花期大约在 7 月，总状花序，每株可开花 2～10 朵，最多可开花 40 朵，花朵下垂，芳香；苞片叶状，卵形至披针形，长 2.5～4.5 cm，宽 0.5～1.6 cm；花被强烈反卷，粉红色或淡紫红色，有胭脂红斑点，矩圆形或披针形，长 5.5～6.0 cm，宽 0.8～1.0 cm；蜜腺呈深绿色，两边无流苏状突起；花丝为绿色，无毛，长 4.0～4.5 cm，花药和花粉为朱红色；子房圆柱形，长约 1.0 cm，花柱为绿色，长度为子房 3 倍以上，前端膨大，近球形。

卓巴百合的蒴果为倒卵圆形；种子土黄色，近卵圆形；种子萌发类型为子叶出土型，整个萌发过程需要在适温下保湿 20～30 d。卓巴百合的染色体数量为 2n = 24。

引种栽培情况

卓巴百合粉红艳丽，形态优雅，气味芬芳，是极佳的园林作物。虽然卓巴百合是一种分布于较高海拔地区的原生百合，但是引种栽培比较容易，有很多引种栽培的成功报道，从数百米到两千多米海拔的地区，引种栽培都能生长良好。卓巴百合喜欢比较干燥的空气环境，在阳光充足、半阴暗处及各种土壤条件下都能生长良好。

图 3.4.29.1　卓巴百合（摄影：李懿）

图 3.4.29.2　卓巴百合（摄影：李懿）

图 3.4.29.3　卓巴百合鳞茎（摄影：李懿）

图 3.4.29.4　卓巴百合种子（摄影：李懿）

图 3.4.29.5　卓巴百合蒴果（摄影：李懿）

30. 蒜头百合 *Lilium sempervivoideum* H.Lév.

概　述

　　蒜头百合是我国特有野生百合，分布于我国云南省和四川省的一些地方，生长在海拔 1 400 ～ 2 600 m 的山地草坡，通常一根茎秆上只开一朵花。蒜头百合花朵外形类似玫红百合，花粉也和玫红百合一样是四合花粉，两者的主要区别在于蒜头百合花被片为白色或黄白色。蒜头百合自然分布地较为狭窄，野生种质资源日益减少，《国家重点保护野生植物名录（第二批）》讨论稿中建议将蒜头百合列为国家二级保护植物。

生物性状

　　蒜头百合鳞茎近球状，直径 2.0 ～ 3.0 cm；鳞片白色，披针形，长 2.5 ～ 3.0 cm，宽 0.5 ～ 1.0 cm；茎长 20 ～ 30 cm，具细乳头状突起；叶散生，线形，长 2.5 ～ 5.5 cm，宽 0.2 ～ 0.4 cm，叶脉 1 条。

　　蒜头百合花期在 6 月，花单生，钟状；花被片白色，具紫红色斑点；外轮花被片披针形，长 3.5 ～ 4.0 cm，宽 0.5 ～ 1.0 cm；内轮花被片宽 1.2 ～ 1.5 cm；蜜腺光滑，不具乳突；雄蕊会聚，花丝长 1.2 ～ 1.5 cm，无毛；花药长约 0.5 cm；子房紫黑色，约 0.3 cm；花柱约 1.5 cm；柱头前端膨大，3 裂。

引种栽培情况

蒜头百合喜欢凉爽并有一些遮阴的环境和富含腐殖质的土壤，从种子萌发到开花可能需要长达 6 年的时间，栽种后应尽量避免移栽种球。

图 3.4.30.1　蒜头百合（摄影：李懿）

图 3.4.30.2　蒜头百合（摄影：李懿）

图 3.4.30.3　蒜头百合（摄影：李懿）

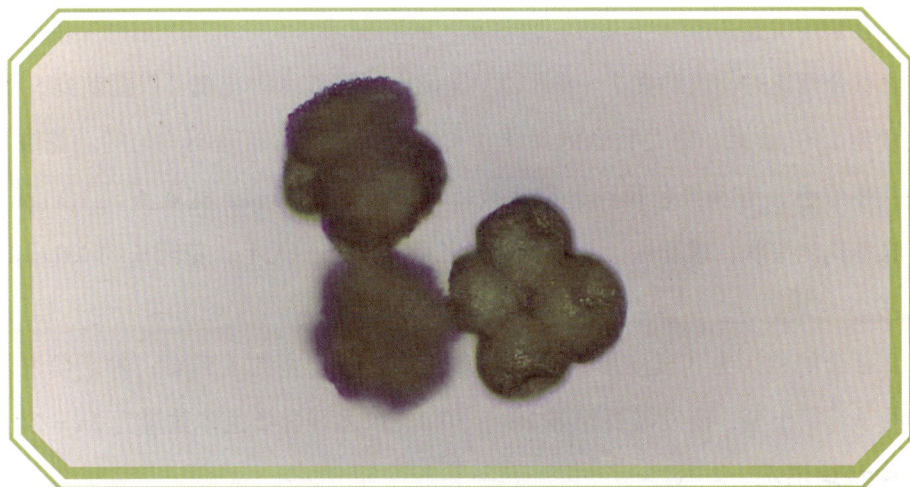

图 3.4.30.4　蒜头百合花粉（摄影：李懿）

（五）轮叶组 Sect.Martagon

轮叶组百合目前共有 5 个种，从欧洲到东亚都有分布，我国分布有 4 种 1 变种，即东北百合、浙江百合、青岛百合、竹叶百合和欧洲百合变种——新疆百合；轮叶组百合的共同特点有：具轮生叶片，鳞茎鳞片分节，花小，花被片蜡质，果实长宽相近，种子较重，种子萌发的方式为延迟的子叶留土型。

1. 东北百合 *Lilium distichum* Nakai ex Kamib.

概　况

东北百合分布于中国东北、朝鲜半岛和西伯利亚的东部，东北百合通常生长于海拔 200～1 800 m 的潮湿的森林内或林地边缘，它可以在光线阴暗的地方生长良好，也非常抗冻。

生物性状

东北百合鳞茎呈卵圆形，直径 2.5～4.0 cm；鳞片为白色，披针形；茎高度为 60～90 cm；东北百合只有一个叶轮，轮叶数量通常为 7～20 片，倒卵形或披针形，长 5～15 cm，宽 1～4 cm，无毛，并且在该叶轮中部的花茎发育出花芽之前，通常整个植株会暂停生长。

东北百合开花时间大约在 7～8 月，中国南方引种栽培时花期可以提前到 5 月下旬，花朵数量为 2～12 朵。东北百合的花非常有特色，花被发布是不均匀的。花被片会稍微扭曲，橙红色，有深红色斑点，卵状披针形，长 3～5 cm，宽 0.6～1.3 cm。东北百合蜜腺不具乳头状；雄蕊短于花被，花丝长约 2.5 cm，无毛；花药长约 1.0 cm，花粉为朱红色。

东北百合的蒴果为 3 裂蒴果，倒卵形，长约 2 cm，宽约 1.5 cm；种子萌发的方式为延迟的子叶留土型，萌发需要保湿 20～30 d。东北百合染色体数量为 $2n = 24$。

引种栽培情况

东北百合虽然是一种耐寒的野生种，但引种栽培却是比较容易的，在长江流域一带引种也生长良好；种植东北百合最好选择酸性、腐殖质丰富的土壤，种植于潮湿和半阴的环境中。

图 3.5.1.1　东北百合（摄影：李懿）

图 3.5.1.2　东北百合叶片（摄影：李懿）

图 3.5.1.3　东北百合蒴果（摄影：李懿）

图 3.5.1.4　东北百合鳞茎（摄影：李懿）

2. 浙江百合 *Lilium medeoloides* A.Gray

概　述

浙江百合分布于中国东北、日本、韩国和俄罗斯，通常生长于森林林边和亚高山草原的富含石灰石的地区，和欧洲百合及东北百合有较近的亲缘关系。1980 年出版的《中国植物志（第 14 卷）》和《浙江植物志》都没有收录这种植物，但是英文版 *Flora of China* VOL.24 收录了这种植物。目前，浙江百合在国内较为少见，但是在国外的一些园林里却有人工种植。

生物性状

浙江百合的鳞茎近球形，直径 2.0 ～ 2.5 cm；鳞片为白色，长圆形或披针形，长 2.0 ～ 3.0 cm，宽 0.3 ～ 0.4 cm；茎长 30 ～ 100 cm，光滑，在近根部有少量乳头状突起；浙江百合为轮生叶，一轮叶片通常在 7 ～ 20 叶，茎的上部另有一些散生叶片，叶片披针形，无毛，长 4.0 ～ 17.0 cm，宽 1.5 ～ 4.0 cm。

浙江百合的花为伞形或总状花序，单生或 2 ～ 10 朵，花朵一般下垂，无香味，花期为 7 ~ 8 月。花被片强烈反卷，肉质，具有光泽的质地，颜色从橙色到鲜红色，有或没有黑点，披针形，长 3.0 ~ 4.5 cm，宽 0.5 ~ 1.0 cm；蜜腺不具乳头状。雄蕊短于花被；花丝无毛，黄绿色；花药长约 1.0 cm；花粉棕橙色。子房长约 1.0 cm，花柱顶端膨胀。

浙江百合的蒴果为 3 棱蒴果，卵圆形，长约 2.0 cm；种子萌发的方式为延迟的子叶留土型萌发，种子萌发需要持续保湿 25 ~ 35 d。浙江百合染色体数量为 $2n = 24$。

引种栽培情况

浙江百合在中国国内少有人工引种栽培，但是在欧洲和北美的一些园林有人工引种栽培的浙江百合的身影。浙江百合喜欢半阴、通风、潮湿的环境和富含腐殖质的土壤，在户外过冬时应给予一定的覆盖保护。

3. 青岛百合 *Lilium tsingtauense* Gilg

概　述

青岛百合又名崂山百合，1895 年，德国植物学者在考察小青岛时发现，定名为青岛百合，即 "*Lilium tsingtauense*"。原产于我国的山东和安徽地区，朝鲜半岛也有分布；生长在海拔 100 ~ 1 000 m 的山坡林中或高大草丛中，青岛百合繁殖能力弱，对生长环境要求苛刻，加之人为破坏，现在已经变得极度濒危，被列入国家第二批稀有濒危植物名录。青岛百合有一变种 *Lilium tsingtauense* var. *flavum*，其花为明亮的黄色，Makino 于 1925 年发现。

生物性状

青岛百合的鳞茎为卵圆形，直径 2.5 ~ 4.0 cm；鳞片白色，披针形，长 2.0 ~ 2.5 cm，宽 0.6 ~ 0.8 cm；茎高 40 ~ 90 cm；叶轮生，通常 1 ~ 2 轮，每轮有叶片 5 ~ 14 片，叶片为倒披针形，长 10 ~ 15 cm，宽 2 ~ 4 cm，除轮生叶外还有极少量的散生叶片。

青岛百合为总状花序，花朵从独生到 6 朵，花期为 7 月，在中国南方引种栽培时花期可以提前至 6 月；花为橙色或橙红色，星状，面朝上，花具有令人不愉快的气味；花被披针形，长 4.5 ~ 5.5 cm，宽 0.8 ~ 1.5 cm，平展，少有卷曲，从几乎没有斑点到具有重度黑橙色至棕色的斑点；蜜腺两边无乳头状突起；花丝长约 3 cm，无毛，花药和花粉为橙色；子房圆柱形，长约 1.0 cm，柱头膨大。

青岛百合的蒴果为 3 棱蒴果，长约 2.0 cm；种子萌发的方式为延迟的子叶留土型萌发，萌发需要持续保湿 25 ～ 35 d。青岛百合染色体数量为 2n = 24。

引种栽培情况

青岛百合的人工引种栽培具有一定的难度，除了需要半阴环境、排水良好的弱酸性土壤外，还要有近于山东崂山地区的气候条件，包括年温变化和降水类型，在气候不适宜的地区栽培青岛百合，易出现不花，畸形花，甚至植株死亡的情况。移栽青岛百合种球即使成活，也往往需要再过一两年才能开花，所以用种子繁育青岛百合是一个更好的选择。

图 3.5.3.1　青岛百合（引种栽培于四川汶川阿坝师范学院，花畸形）（摄影：李懿）

4. 欧洲百合 *Lilium martagon* L.

概　述

欧洲百合又名头巾百合，自然分布范围非常的广泛，从欧洲中部一直到朝鲜半岛都有分布，欧洲百合通常生长速度较慢，但寿命很长，可以形成较大的鳞茎。欧洲百合有很多的变种，比如，白花变种 *Lilium martagon* var.*album*，酒红色变种 *Lilium martagon* var.*cattaniae*，粉红色变种 *Lilium martagon* var. *cevennes*，我们国家新疆北部

有其变种新疆百合 *Lilium martagon var.pilosiusculum* Freyn 分布 [27]。

生物性状

欧洲百合的鳞茎为卵形，直径可达 8.0 cm，鳞瓣黄色。欧洲百合具有地下固着根，可以使鳞茎生长于较深的土壤中；茎没有分支，常具有红色斑点；叶轮生，每轮有叶片 8～14 片，通常有 4～8 轮，越是靠近茎的顶部叶轮的叶片越小，叶片呈披针形，长 10～15 cm，宽 4～6 cm，叶缘光滑无毛。

欧洲百合为圆锥花序，花的数量较多，通常 5～20 朵，最多的可达 50 朵，开花时间为 6～8 月，花期较长，但是生长于日照不足的地方，花期会缩短。欧洲百合花朵下垂，带有浓烈的难闻气味；花被完全反卷，长 3.0～5.0 cm，宽 0.6～1.0 cm，颜色从粉红色到深红色或紫色，也有白色，通常有褐色或深紫色的斑点；花柱偏离花序轴，长 1.8～2.0 cm，柱头膨大；花丝呈白色或绿白色，长约 3.5 cm；花药约 1.0 cm，红色或黄色，花粉黄色至橙色；欧洲百合具有自交不亲和性。

欧洲百合的果实为 3 裂蒴果；种子萌发的方式为延迟的子叶留土型萌发，欧洲百合产生的种子，既有当年可萌发的，也有需要经过一段时间的低温处理才能萌发的，萌发需要持续保湿 16～30 d，由于欧洲百合的种子在完全黑暗的条件下才能萌发，所以促萌时需要覆土。欧洲百合染色体数量为 2n = 24。

引种栽培情况

欧洲百合具有丰富的色彩，花朵具有光泽的质地，且寿命长（可长达 50 年），是商品百合育种的重要材料，大部分的轮叶百合杂交种是以欧洲百合为亲本培育而成的。野生的欧洲百合也很容易人工栽培，人工栽培的欧洲百合花朵通常比自然条件下的花朵还要大。欧洲百合可以适应众多的栽培环境，最喜爱腐殖质丰富的土壤和半阴的环境，但是夏季潮湿多雨的地方不宜户外栽培欧洲百合。

新疆百合 *Lilium martagon var.pilosiusculum* Freyn

新疆百合是欧洲百合的变种，分布于西伯利亚、蒙古和中国新疆北部，花紫红色，有斑点，株型较小，通常株高 45～90 cm，分布于海拔 200～2 500 m 的山坡阴处和林下灌木丛中。新疆百合人工栽培有一定难度，在夏季潮湿多雨的地方种植鳞茎容易腐烂。

图 3.5.4.1　欧洲百合商业杂交种 *Lilium martagon* cv. 'pink morning'（摄影：李懿）

图 3.5.4.2　欧洲百合（摄影：李懿）

图 3.5.4.3　新疆百合鳞茎（摄影：李懿）

5. 竹叶百合 *Lilium hansonii* Leichtlin

概　述

竹叶百合（*Lilium hansonii*）又叫汉森百合，分布于朝鲜半岛、日本和我国吉林、辽宁的部分地区；通常生长于河岸边。通常认为竹叶百合在中国和日本的分布是由于人工引种造成的，它的自然分布地原来只有朝鲜半岛。竹叶百合拉丁学名的种加词"hansonii"来自 19 世纪的丹麦画家彼得·汉森（Peter Hanson），彼得·汉森除了是一位画家外，还是著名的郁金香和百合的培育者。

竹叶百合是一种适应性强、易栽培的原生百合，花朵亮黄色，小而香甜，有优良的园艺性状，常用来培育商品百合；例如，竹叶百合和欧洲百合杂交得到了著名的商品百合杂交种佩斯利（Paisley）。竹叶百合花被片通常为亮黄色，但是存在一种花被片为暗红色的生态型（*L. hansonii* red form），*L. hansonii* red form 除了花被颜色以外，从各方面来说都是典型的竹叶百合特征，因此被认为是野生物种，而非商业杂交种。此外，竹叶百合与东北百合（*L. distichum*）和浙江百合（*L. medeoloides*）有较近的亲缘关系，但很久以前就开始了独自的演化过程。

生物性状

竹叶百合鳞茎为卵球形，直径 5.0 ～ 6.0 cm；鳞片淡黄色或白色，卵形；茎长 60 ～ 150 cm，光滑；叶轮生，每株有叶 4 ～ 12 轮，叶片长 10.0 ～ 18.0 cm，宽 2.0 ～ 4.0 cm，先端渐尖，有一些散生的长圆形或倒卵形叶片。

竹叶百合花期在 7 ～ 8 月，总状花序，每株可开花 4 ～ 12 朵，花朵下垂，有光泽的质地，有淡香味；花被片强烈反卷，黄色至橙色，有棕色的斑点，披针形，长 3.0 ～ 4.0 cm，宽 1.0 ～ 1.5 cm，肉质，前端有小乳头状突起；蜜腺两边不具乳头状突起；花丝短于花被，无毛，黄色，花药略带紫色，花粉土黄色；子房圆柱形，淡绿色，长 1.0 ～ 2.0 cm；花柱黄色，前端膨大，3 裂。

竹叶百合蒴果近球形，直径 2.5 ～ 3.5 cm，带 6 棱；种子萌发类型为子叶留土型，整个萌发过程需要在适温下保湿 25 ～ 35d。竹叶百合染色体数量为 2n = 24。

引种栽培情况

竹叶百合抗病毒、耐石灰及喜阳，可以与各种百合属植物共同繁育，引种栽培总的说来比较容易；栽培时要给它提供富含腐殖质的土壤，半阴且略潮湿的环境，以及良好的排水条件；竹叶百合不耐移栽，移栽后往往需要一两年时间才能恢复状态，晚春的霜冻对竹叶百合的伤害也很大，栽培时应该注意预防这类灾害。

图 3.5.5.1 竹叶百合鳞茎（摄影：李懿）

参考文献：

[1] Nishikawa T, Okazaki K, Uchino T, et al. A molecular phylogeny of *Lilium* in the internal transcribed spacer region of nuclear ribosomal DNA [J]. J Mol Evol, 1999, 49（2）:238–249.

[2] Gao YD , Gao XF. Taxonomic notes on Chinese *Lilium* L.（Liliaceae）with proposal of three nomenclatural revisions [J]. Phytotaxa, 2014, 172（2）: 101–108.

[3] Gao YD , Harris A , Zhou S D , et al. Evolutionary events in *Lilium*（including Nomocharis, Liliaceae）are temporally correlated with orogenies of the Q-T plateau and the Hengduan Mountains [J]. Mol Phylogen Evol, 2013, 68（3）:443–460.

[4] Kim HT, Lim KB, Kim JS. New insights on *Lilium* phylogeny based on a comparative phylogenomic study using complete plastome sequences [J]. Plants, 2019, 8（12）:547–563.

[5] Ghanbari S, Fakheri BA, Naghavi MR, et al. Evaluating phylogenetic relationships in the

Lilium family using the ITS marker [J]. J Plant Biotechnol, 2018, 45:236–241.

[6] 梁松筠, 张无休. 百合属中的四合花粉兼论玫红百合的分类问题 [J]. 中国科学院大学学报, 1984, 22(4):297–300.

[7] 顾欣, 张延龙, 牛立新. 中国西部四省 15 种野生百合花粉形态研究 [J]. 园艺学报, 2013, 40(7):1389–1398.

[8] Woodcock H, Stearn WT. Lilies of the world: their cultivation and classification [M]. London: Country Life, 1950: 422–431.

[9] Dubouzet JG, Shinoda K. ITS DNA sequence relationships between *Lilium concolor* Salisb. *L. dauricum* Ker-Gawl. and their putative hybrid, *L. maculatum* Thunb [J]. Theor Appl Genet, 1999, 98(2):213–218.

[10] 冯君茹, 甘婷婷, 冯爽, 等. 有斑百合——安徽省百合科植物新记录 [J]. 生物学杂志, 2015, 32(6):76,95.

[11] 马丹丹, 李根有, 石柏林, 等. 浙江植物分布新记录——有斑百合 [J]. 浙江林学院学报, 2007, 24(1):122–123.

[12] 吴征镒, 陈心启, 梁松筠, 等. Flora of China, Volume 24 [M]. 北京: 科学出版社, 2006:73–263.

[13] Noltie H. Dwarf yellow lilies from the Sino-Himalaya [J]. New Plantsman, 2000, 2:68–70.

[14] 龙雅宜, 张金政. 百合属植物资源的保护与利用 [J]. 植物资源与环境, 1998, 7(1):41–45.

[15] 孙晓玉, 杨利平, 姜浩野, 等. 条叶百合种子萌发的研究 [J]. 植物研究, 2003, 23(1):61–65.

[16] 崔凯峰, 黄利亚, 沈璐, 等. 条叶百合引种栽培及繁育 [J]. 北华大学学报: 自然科学版, 2019, 20(1):38–42.

[17] 黄利亚, 崔凯峰, 黄柄军, 等. 长白山区垂花百合园艺栽培技术 [J]. 北华大学学报: 自然科学版, 2015(16):521.

[18] 沈呈娟, 周颂东, 何兴金. 宝兴百合与匍茎百合遗传多样性的 ISSR 分析 [J]. 西北植物学报, 2014, 34(7):1331–1338.

[19] 杜喜春, 赵银萍, 张九东, 等. 秦岭珍稀野生花卉绿花百合资源种质保护及利用 [J]. 北方园艺, 2012(11):110–112.

[20] 中国科学院昆明植物研究所.《云南植物志》第七卷 [M]. 北京：科学出版社，1997:789-812.

[21] Gao YD. Continuous variation supports accommodating *Lilium habaense* and *L. xanthellum* within *L. stewartianum* (Liliaceae) [J]. Phytotaxa, 2015,226(2):196-198.

[22] Gao YD，Gao XF．Restore the name *Lilium tenii* H.Lév.(Liliaceae)，which has priority over the later synonym *L.lijiangense* L.J.Peng[J]. Phytotaxa, 2020, 428(3):295-300.

[23] 徐金凤，雷家军. 朝鲜百合种子萌发试验研究 [J]. 江苏农业科学，2010(05):253-254.

[24] Mathew R L. A revision of elwes' monograph of the genus *Lilium* and its supplements[J]. Kew Bulletin, 1980, 36(4):864.

[25] 舒宁，詹文静，刘燕妮，等. 大理百合的组织培养研究 [J]. 植物学研究，2015,004(001):8-15.

[26] 吴征镒，洪德元（编）. 中国植物志（第 14 卷）[M]. 北京：科学出版社，1980:121-158.

四、豹子花属

豹子花属（*Nomocharis*）是百合科的一个属，英国邱园世界植物检索名录（Kew World Checklist of Selected Plant Families）承认的豹子花属物种共有 10 种，具体情况见表 4.1。

表 4.1　英国邱园世界植物检索名录网站收录的豹子花属物种

中文名	拉丁学名
开瓣豹子花	*Nomocharis aperta* (Franch.)
美丽豹子花	*Nomocharis basilissa*
滇西豹子花	*Nomocharis farreri* (W.E.Evans) Cox
囊被百合	*Nomocharis georgei* W.E.Evans（Syn. 'L. georgei'）
贡山豹子花	*Nomocharis gongshanensis* Y.D.Gao & X.J.He
多斑豹子花	*Nomocharis meleagrina* Franch.
斑瓣百合	*Nomocharis oxypetala* (D.Don) E.H.Wilson
豹子花	*Nomocharis pardanthina* Franch.
云南豹子花	*Nomocharis saluenensis* Balf.f.
阿萨姆豹子花	*Nomocharis synaptica* Sealy

豹子花属植物主要分布在中国、尼泊尔和缅甸等国的喜马拉雅山区和横断山区；它们像百合一样，具有鳞茎和多叶茎，它们在夏季开花，花被片 6 枚，向四周展开，花似碟形和碗形。属名 *Nomocharis* 由希腊语 nomos 和 charis 构成，nomos 意为"牧场"，charis 意为"美丽"或"魅力"，*Nomocharis* 意为"草原上的美丽"。

第一个被西方植物学者发现的豹子花属物种是豹子花（*N. pardanthina*），它由法国传教士 J.M. Delavay 于 1883 年在中国云南省的太子雪山附近的高山草场上采集到，J.M. Delavay 将标本寄给了在巴黎的赞助人植物学家阿德里安·勒内·弗朗谢（Adrien René Franchet），A. R. Franchet 研究了相关标本后认为，这种植物不仅是一个全新的物种，也代表了一个新的属，于是他在 1889 年发表了这个新属，称之为 *Nomocharis*。对豹子花属植物的分类研究在 1918 年达到了一个高潮，巴尔弗（Balfour）于当年在

《爱丁堡植物学会学报》(*Transactions of the Botanical Society of Edinburgh*)第 27 卷第 3 期发表了关于豹子花属分类研究的文章,文中他将豹子花属分为了 3 个组,分别是 Sect. Eunomocharis,Sect. Ecristata 和 Sect. Oxypetala,一共拥有 14 个成员;其中 Sect. Eunomocharis 的成员有具轮生叶、丝状花丝、碟形花和地下茎段生根等特点,包括 *N. pardanthina*,*N. meleagrina*,*N. farrerii*,*N. basilissa* 和 *N. mairei*;Sect. Ecristata 的成员有散生叶、碟形花和花被片基部加厚等特点,包括 *N. aperta*,*N. forrestii*,*N. saluensis*,*L. souliei* 和 *L. georgei*;Sect. Oxypetala 则包括了当时几种百合属的物种 *L. oxypetalum*,*L. lophophorum*,*L. euxanthum* 和 *L.henrici*。

过去植物分类以形态比较为主要分类依据,由于人的主观认识差异,分类标准不尽相同,诞生了数十种植物分类系统,豹子花属作为一个独立的属,虽然被广泛承认,但是成员范围却一直有很大的争议,一些成员常在豹子花属、百合属和贝母属间反复调整归属,比如,开瓣豹子花(*N. aperta*)和云南豹子花(*N. saluenensis*)在中文版《中国植物志》14 卷中都被归入百合属,分别叫作开瓣百合(*L. apertum*)和碟花百合(*L. saluenense*)。随着分子生物学和基因组学的快速发展,越来越多的遗传指标被引入植物分类系统中,许多研究结果表明,豹子花属与百合属有非常紧密的亲缘关系[1-3],或许应该取消豹子花属(*Nomocharis*),将其成员合并到百合属(*Lilium*)中[4]。

1. 开瓣豹子花 *Nomocharis aperta* W.H.Wilson

概　述

开瓣豹子花(*Nomocharis aperta*)又名开瓣百合,分布于我国云南西北部,四川西南部和西藏南部的横断山区,缅甸北部的一些地区也有分布;生长于海拔 3 000 ~ 3 900 m 的林下、林缘和高山草甸。在 1980 年出版的中文版《中国植物志》第 14 卷中将开瓣豹子花归于百合属进行介绍,命名为开瓣百合(*Lilium apertum*);后来在 2000 年出版的英文版 *Flora of China* Vol.24 中开瓣豹子花归入豹子花属进行介绍。开瓣豹子花的种加词"Aperta"是拉丁语"开放"的意思,形容其花瓣张开似碟形。开瓣豹子花与云南豹子花(碟花百合)外形相似,主要区别在于开瓣豹子花的花柱长度约为子房的两倍,花被片基部有数个到十数个紫色斑点。

生物性状

开瓣豹子花鳞茎为卵球形,高 1.5 ~ 2.5 cm,直径 1.0 ~ 2.0 cm;茎长

25 ～ 50 cm；叶互生，卵状披针形或披针形，长 3.0 ～ 5.5 cm，宽 0.8 ～ 1.2 cm。

开瓣豹子花花期在 6 ～ 7 月，每株通常开花 1 ～ 6 朵；花被片展开，玫瑰粉色或粉红色，在基部有深栗色或紫红色斑点，少数有更多的斑点，几乎遍布花被片，全缘；外轮花被片近卵形或卵状披针形，长 2.2 ～ 4.5 cm，宽 1.2 ～ 1.5 cm；内轮花被片宽卵形，长 2.2 ～ 4.4 cm，宽 1.3 ～ 2.2 cm；蜜腺脸部有肉质垫状突起；花丝长 0.5 ～ 1.0 cm，前端逐渐变尖，肉质；子房长 0.5 ～ 0.9 cm，花柱长 0.8 ～ 1.2 cm。

开瓣豹子花蒴果为绿棕色，长卵球形，长 1.0 ～ 2.5 cm，宽 1.2 ～ 2.0 cm。开瓣豹子花的染色体数量为 2n = 24[5]。

引种栽培情况

开瓣豹子花自然分布于海拔 3 000 m 以上的高海拔山区，在低海拔地区引种栽培是困难的，谢晓阳在海拔 1 900 m 的昆明植物研究所做了引种栽培试验，花期提前了 2 个月，未能结实，栽培 1 年后鳞茎变小，刘维暐等人在中国科学院昆明植物研究所丽江高山植物园试验基地进行了开瓣豹子花的鳞片扦插实验，可以顺利繁育籽球[6]，西方也有一些园艺学家通过提供和开瓣豹子花自然分布地相近的栽培环境成功地进行了开瓣豹子花的引种栽培[7]，可见开瓣豹子花在适宜条件下引种栽培还是可行的，可以通过种子繁育逐步锻炼或遗传改造，让其逐步适应一些较低海拔环境。开瓣豹子花在生长期需要大量的水分、适度的遮阴和凉爽湿润的空气；栽培也该使用富含腐殖质的酸性土壤。

2. 豹子花 *Lilium pardanthinum* Y.D.Gao

概　述

豹子花分布于我国云南西北部，四川西南部；生长在海拔 2 700 ～ 4 100 m 的冷杉林边缘和高山草甸上。豹子花是第一种被西方植物猎人发现的豹子花属物种，它是由法国传教士 J.M. Delavay 于 1883 年发现于我国云南省太子雪山附近；将标本送回巴黎后，植物学家弗兰谢特（Franchet）在 1889 年对该物种进行了描述[9]；豹子花种加词"pardan"来自于希腊语豹子，因为它的花被斑点酷似豹纹；豹子花也是豹子花属的模式种（Type species）。豹子花易于和豹子花属及百合属的许多物种杂交，是商业花卉育种的重要种植资源，这个事实也说明豹子花属与百合属确有很近的亲缘关系。

生物性状

豹子花鳞茎为卵球形，白色，曝露于空气中会渐变黄褐色，高 2.5 ～ 3.5 cm，宽

2.0～3.5 cm；茎长 25～90 cm；叶在茎下部为互生，在茎上部为轮生，叶片椭圆形或披针形，长 2.5～7.0 cm，宽 1.0～3.0 cm。

豹子花花期在 5～7 月，每株可开花 1～10 朵，花朵直径 6.0～8.0 cm，碟形；花被片白色到粉红色，通常基部有深紫色斑块，外轮花被片卵形，长 2.5～3.0 cm，宽 1.2～2.0 cm，具淡紫色或紫红色斑点，边缘全缘；内轮花被片卵形或近圆形，长 2.0～3.0 cm，宽 1.5～2.0 cm，密集或疏松散布紫红色斑点，边缘撕裂；蜜腺两边突起扇形排列的紫色或红色肉质组织脊；花丝膨大，长 0.6～0.7 cm，近端肉质，远端突然变细，呈丝状，长约 0.2 cm；花柱长 0.6～0.8 cm，前端膨大，3 裂。

豹子花果期在 7～8 月，种子产量很高，整个萌发过程需要在适温下保湿 20～30 d。豹子花染色体数量为 2n = 24。

引种栽培情况

和所有的豹子花属物种一样，由于自然分布于高海拔的横断山区，豹子花喜欢凉爽、潮湿的环境；喜欢富含腐殖质，偏酸性的土壤；生长期需要大量的水分，但又不能积水；在生长期 –10℃ 可能是他们所能承受的最低温度。所以，对于普通园艺爱好者而言，豹子花绝对不是容易引种栽培的，直到 1914 年，英国园艺学家乔治·福雷斯特（George Forrest）才在爱丁堡皇家植物园通过种子锻炼首次培育出豹子花，引起园艺届的广泛关注。豹子花鳞茎种植深度大约为 10 cm，生长期要保持土壤湿润，避免茎下部和根部受阳光的直晒，所以最好栽培在半阴的环境下，并保持环境凉爽湿润。

图 4.2.1　豹子花鳞茎（摄影：李懿）

参考文献：

[1] Nishikawa T , Okazaki K , Uchino T , et al. A molecular phylogeny of *Lilium* in the internal transcribed spacer region of nuclear ribosomal DNA[J]. Journal of Molecular Evolution, 1999, 49(2):238–249.

[2] KAZUHIKO HAYASHI, SHOICHI KAWANO. Molecular systematics of *Lilium* and allied genera (Liliaceae): phylogenetic relationships among *Lilium* and related genera based on the rbcL and matK gene sequence data[J]. Plant Species Biology, 2000,15:73–93.

[3] Gao YD, Harris AJ, He XJ. Morphological and ecological divergence of *Lilium* and *Nomocharis* within the Hengduan Mountains and Qinghai–Tibetan Plateau may result from habitat specialization and hybridization[J]. Bmc Evolutionary Biology, 2015(15):147.

[4] Gao YD , Harris AJ , Zhou SD , et al. A new species in the genus *Nomocharis* Franchet (Liliaceae): evidence that brings the genus *Nomocharis* into *Lilium*[J]. Plant Systematics and Evolution, 2012, 298(1): 69–85.

[5] 万娟 , 周颂东 , 高云东 , 等 . 豹子花属及百合属 13 种 25 居群的核型研究 [J]. 植物分类与

资源学报, 2011, 33(5):477.

[6] 刘维暐, 王泽清, 陈小灵, 等. 豹子花属植物鳞片扦插繁殖的研究 [J]. 北方园艺, 2014(02):71-73.

[7] 鲁元学, 连守忱, 武全安, 等. 豹子花属植物的组织培养 [J]. 云南植物研究, 1998(02):126-127.

[8] Haw S G, Liang S. The lilies of China: the genera Lilium, Cardiocrinum, Nomocharis and Notholirion[M]. Portland, Oregon: Timber Press, 1986:156-157.

[9] Matthews V. Nomocharis Pardanthina: Liliaceae[J]. curtiss botanical magazine, 1994, 11(1):18-22.

五、大百合属

大百合属植物目前共有 3 个种，分别是大百合（*Cardiocrinum giganteum* Makino）、荞麦叶大百合（*Cardiocrinum cathayanum* Stearn）和分布于日本的 *Cardiocrinum cordatum* (Thunb.) Mak.；此外，还有一个变种云南大百合（*Cardiocrinum giganteum* var. *yunnanense* Stearn）。大百合属植物分布于我国的甘肃、广东、广西、贵州、河南、湖北、湖南、陕西、四川、重庆、西藏、云南、江西、安徽、浙江和福建等省或自治区，日本、不丹、印度、缅甸、尼泊尔和锡金等国也有分布，通常生长于潮湿的森林中。

最早发现大百合的西方植物学家是丹麦的纳萨尼尔·瓦立池（Nathaniel Wallich），在他 1824 年尼泊尔喜马拉雅山脉南麓的探险活动中，纳萨尼尔·瓦立池发现了这种巨大的百合科植物，他将这种植物命名为 *Lilium giganteum*，并对它进行了描述，大百合的种加词"giganteum"意思是巨大的。

纳萨尼尔·瓦立池发现大百合后不久，欧洲的园艺学家就开始了对大百合的引种栽培，1850 年商业栽培的大百合亮相了英国花展，引起了极大的关注，被欧洲人誉为"百合王子"。自从纳萨尼尔·瓦立池对大百合命名以后，大百合一直列在百合属 *Lilium* 中，但是后来研究发现，大百合和许多百合属物种都存在生殖隔离，并且外观形态和许多生理习性存在重大差异，所以从百合属中划分出来，列为一个单独的属——大百合属 *Cardiocrinum*。2005 年日本的小林（Hayashi K）等人对百合属、豹子花属、大百合属、假百合属和贝母属的 40 个物种的叶绿体 rbcL 和 matK 两个基因做了分子系统分析，根据基因的测序结果，利用邻接法（NJ）和最大简约法（MP）构建进化树，结果表明，大百合属植物与百合属、豹子花属、假百合属和贝母属都有较近的亲缘关系，特别是和假百合属亲缘关系密切，假百合属起源于大百合属的可能性较大[1]。

大百合喜欢凉爽湿润的环境，耐阴，烈日灼晒会使叶片枯焦；中国西南潮湿凉爽的山林内特别适合其生长。大百合的种子有较大的翅，种子萌发后要 5 ～ 10 年的时间才能形成可以开花的鳞茎；茎高 100～300 cm，花梗粗壮，似玉簪的巨大花序可开超过 20 朵的喇叭形的花，花朵白色，有香味，多数带有红色或紫色的条纹，下垂。

大百合和百合最主要的区别是它的鳞茎一生只能产生一个花梗，开花产生蒴果后鳞茎会枯死，但是会留下一些较硬的鳞片，几年后又能形成新的可以开花的鳞茎。此外，大的心形叶片也是大百合的一个重要特征。

1. 大百合 *Cardiocrinum giganteum* Makino

概　述

大百合（*Cardiocrinum giganteum*）分布于我国甘肃、广东、广西、贵州、河南、湖北、湖南、陕西、四川、重庆、西藏和云南等省或自治区；此外，不丹、印度、缅甸、尼泊尔和锡金的一些地区也有分布；生长于海拔 1 200～3 600 m 的潮湿的森林中。大百合与荞麦叶大百合和 *C. cordatum* 亲缘关系密切；另外，有一个变种云南大百合（*C. giganteum* var. *yunnanense* Stearn）。

生物性状

大百合鳞茎为卵形，长 2.5～4.0 cm，宽 1.2～2.0 cm；茎长 100～300 cm，厚 5 cm 以上，空心；大百合基生叶常聚于一起，茎生叶散生，叶片呈卵形或心形，深绿色，局部带紫红色，表面无毛，有光泽，长 15.0～20.0 cm，宽 12.0～15.0 cm；有叶柄，叶柄最长可达 20.0 cm。

大百合花期在 5～7 月，总状花序，每株可开花 3～20 朵，甚至更多；花狭喇叭形，白色，带香味，苞片早落；花被片白色或浅绿色，带紫色或紫红色斑纹，线状倒披针形，长 12.0～15.0 cm，宽 1.5～2.0 cm，先端钝；雄蕊 6.5～7.5 cm，花丝向基部稍宽，花药长约 0.8 cm；子房圆柱形，长 2.5～3.0 cm；花柱长 5.0～6.0 cm，柱头膨大，3 浅裂。

大百合蒴果近球形，直径 3.5～4.0 cm，红褐色，果期在 9～10 月；种子卵形或三角形，红棕色，光照对大百合种子萌发有促进作用，最适萌发温度为 20℃，整个萌发过程需要 21～38 d[2-3]。大百合染色体数量为 2n = 24[4]。

引种栽培情况

大百合自被西方植物猎人发现不久，就被引种到了欧洲，目前世界各大洲都有大百合的引种栽培，澳大利亚培育出了开黄花的大百合新品种，在新西兰的一些地区，大百合甚至成了外来入侵物种 [5]。所以，总的看来，大百合的引种栽培并不是非常困难。

　　大百合不耐高温，也不能被阳光长期直射，否则叶片会焦枯；大百合生长期要保持土壤湿润，但是又不能积水，否则鳞茎易腐烂；所以，栽培大百合需要建立一个凉爽湿润的栽培环境，要注意遮阴，最好使用富含腐殖质的疏松透气的土壤。

图 5.1.1　大百合叶片（摄影：李懿）

参考文献：

[1] Hayashi K，Kawano S．Bulbous monocots native to japan and adjacent areas – their habitats, life histories and phylogeny[J]．Acta Horticulturae, 2005(673):43–58.

[2] 伍丹，周兰英．光照和温度对大百合种子萌发的影响 [J]．中国野生植物资源，2007，

026（002）:52–54.

[3] 张帆，刘敏，赵景龙，等.不同栽培措施对野生大百合生长和开花的影响 [J].北方园艺，2013，001:49–52.

[4] 罗昌海，王淑芬.大百合的核型分析和减数分裂的研究 [J].西南师范大学学报：自然科学版，1991（01）:117–120+153.

[5] Cox P . Variation in *Cardiocrinum giganteum*.［J］. plantsman, 2009,2:152–154.

六、国外著名原生百合

除我国外，在北半球的广大地区都有百合属物种分布，特别欧洲、北美和日本是百合属植物分布较多的地区。

分布在欧洲的百合大多属于百合组 Sect. Liriotypus，百合组百合鳞茎往往鳞片众多，叶散生，有很多种适应地中海气候。

分布于北美的百合多属于根茎组 Sect. Pseudolirium，根茎组百合的主要特点有：鳞茎具匍匐根状茎，鳞片分节和轮生叶。

分布于日本的百合多属于具叶柄组 Sect. Archelirion，很多为日本特有种，种类虽然不多却极具特色，是商业百合育种的重要亲本。

下面将介绍几种极具特色的国外野生百合，让读者充分感受百合属植物丰富的多样性。

1. 圣母百合 *Lilium candidum* L.

概 述

圣母百合（*Lilium candidum*）又名白百合、麦当娜百合，分布于地中海沿岸的巴尔干半岛和西亚的一些地区，生长在石灰岩缝中或石灰质土壤中，生长地夏季极为干燥，呈典型的地中海气候。圣母百合原来的自然分布地可能只有地中海东岸的以色列和黎巴嫩等地区，后来引种到了南欧，它是最古老的人工栽培观赏植物之一，在希腊米诺斯文明的遗址上就发现有描绘圣母百合的壁画。圣母百合的种加词"candidum"是"纯白色"的意思，它的花朵纯白，代表着"纯洁"，在西方国家有重要的宗教含义，基督徒用它来供奉圣母玛利亚，因此叫作圣母百合。圣母百合也有类型众多的变种，其中 *L. candidum* var. *plenum* 花被重瓣，这在野生百合中非常罕见，是重要的育种性状。

生物性状

圣母百合鳞茎为球状，直径 7.0～10.0 cm，结构疏松；鳞片白色或淡黄白色，披针形到卵形；茎长 50～180 cm，不具地下生根的茎段；圣母百合在 9 月的时候会产生地面叶丛，这些叶子呈卵形，可在冬季生存，长约 7.0 cm，宽约 3.0 cm；在春季，茎段上会形成披针形小叶，这种情况体现了地中海植物典型的生命周期。

圣母百合花期在 6～7 月，总状花序，每株可开花多达 20 朵，花朵喇叭形，带有宜人的香味；花被片纯白色，宽卵形或倒卵形，长 5.0～7.0 cm，宽 3.0～5.0 cm；花丝白色或浅绿色，花药黄色，花粉鲜黄色，有香味；子房圆柱形，花柱白色或浅绿色，前端膨大，3 裂。

圣母百合蒴果近球形，黄褐色；种子萌发类型为子叶出土型，整个萌发过程需要在适温下保湿 17～30 d。圣母百合染色体数量为 2n = 24。

引种栽培情况

圣母百合在地中海沿岸国家已经有很久的栽培历史了，通常在 8 月末或 9 月初播种，由于它地下茎段不生根，所以种植深度可以较浅，一般鳞茎种植深度为 3.0～5.0 cm；野生圣母百合种子发芽率不高，一旦种子萌发，在适宜条件下，第二年即可开花。

圣母百合喜欢石灰质土壤，较易感染灰霉病，所以个体寿命不是很长，通常在春末初夏开花，然后地上部分就会枯死，秋天又会长出丛生叶，并顺利过冬。由于圣母百合自然分布地是典型的地中海气候区，夏季炎热干燥，冬季温和多雨，所以在非地中海气候地区户外栽培圣母百合时，往往长势不佳，病虫害多发，需要特殊照料。

2. 天香百合 *Lilium auratum* Lindl.

概　述

天香百合（*Lilium auratum*）又名山百合，是日本特有原生百合之一，分布于日本本州岛，生长于陡峭的山地草坡或灌木丛，火山灰土壤或贫瘠的砾石土壤上。在日本古代，天香百合的鳞茎是穷人荒年的救命粮食，味道甜，苦涩味很轻，食用口感好；但是，由于人们过度的采挖，天香百合野生资源日益减少，目前日本已经将其列为保护植物。天香百合是重要的商业百合育种种质资源，是东方系杂交百合（Oriental hybrids）的主要亲本之一。天香百合有众多变种，*L. auratum* var. *virginale* 花被片没有或仅有小的黄色斑点；*L. auratum* var. *rubrum* 中央条纹为暗红色，而不是黄色，带有密集红色斑点。

生物性状

天香百合鳞茎为卵球形，直径 8.0 ～ 12.0 cm，人工栽培条件下可达 17.0 cm；鳞片黄白色，有时带有粉色或紫色；茎长 90 ～ 180 cm，地下部分茎段生根；叶散生，深绿色，披针形，可长达 20.0 cm。

天香百合花期在 7 ～ 8 月，总状花序中，每株最多可开花达 30 朵，花径 20.0 ～ 25.0 cm，碗形，有浓烈香味；花被片扁平，顶端略反卷，白色，中间带金黄色条纹，散布红色或紫红色斑点；花丝浅绿色，花药暗紫红色，花粉棕红色；花柱圆柱形，浅绿色，前端膨大，3 裂。

天香百合蒴果为狭卵形，种子萌发类型为子叶留土型，如果条件适宜，种子当年即可萌发，在自然条件下会推迟到第二年春天萌发，种子完全萌发需在适温下保湿 30 ～ 40 d。天香百合染色体数量为 2n = 24。

引种栽培情况

天香百合是东方系杂交百合主要亲本之一，东方系百合在世界范围广泛种植，天香百合的引种栽培也不是很困难，在我国多地都有成功引种栽培的报道。天香百合可以利用种子繁育，但如果要快速规模繁育则可采用鳞片扦插繁育；鳞片扦插得到的鳞茎寿命为 3 ～ 4 年。

天香百合耐贫瘠，在中性或偏酸性贫瘠土壤都可以生长良好，过于肥沃或施肥过量的土壤反而会使植株枯萎，此外，石灰质土壤也不利于天香百合的生长。种植天香百合需要提供良好的排水条件，种植深度通常为鳞茎高度的 3 倍；最佳的栽培地点应是能使地上部分得到充足阳光，而鳞茎和基部可以得到充分荫蔽的地方。天香百合在夏季生长期喜爱温暖湿润，在冬季休眠期则要保持土壤干燥，避免鳞茎腐烂。

3. 乙女百合 *Lilium rubellum* Baker

概　述

乙女百合是日本特有原生百合，分布于本州岛，生长在海拔 750 ～ 1 800 m 的近水的矮灌木和草丛中，偶尔长在高山斜坡上。乙女百合的花被为无斑点的淡粉色，花朵带有甜美的香味，是部分东方系杂交百合的亲本，乙女百合美丽的花色和较早的花期是育种者最看重的性状。乙女百合的种植和繁育都有一定的难度，加上人类的采挖和环境的破坏，目前乙女百合的野生资源已经比较稀少，日本环境省将其列为亟待保护的近危物种（near threatened，NT），而国际自然保护联盟的 IUCN 红色名录也将乙女百合列为濒危物种。日本新潟大学的新美芳二（Yoshiji Niimi）团队长期致力于乙女百合的人工繁育研究，取得了较多成果 [1-4]，目前，已经有人工繁育乙女百合种球在日本园艺市场销售。

生物性状

乙女百合鳞茎为长卵形，鳞片宽披针形，黄色；茎长 30～50 cm，人工栽培时略高；叶散生，茎上部更密，宽披针形，有短叶柄，有叶脉 3～5 条。

乙女百合花期为 6～8 月，每株可开花 1～3 朵，最多可达 9 朵，花朵水平，碗形，略带喇叭形，有甜美的香味；花被片亮粉红色，会随着年龄的增长而变暗，无斑点，长约 8.0 mm；雄蕊会聚，花丝浅黄绿色，花药土黄色，花粉金黄色；子房圆柱形，花柱浅黄绿色，柱头膨大，3 裂。

乙女百合蒴果为球形，具三角形棕色种子，种子萌发类型为子叶留土型。乙女百合染色体数量为 2n = 24。

引种栽培情况

乙女百合的栽培和繁育都具有一定难度，目前日本的园艺市场上有少量的人工繁育种球销售。乙女百合喜欢排水良好的土壤，可以适应酸性和中性土壤，但更喜欢偏酸性的土壤，能耐受酸性很强的土壤；栽培乙女百合需要一个凉爽湿润的气候环境，并提供适度的遮阴，生长期保持土壤湿润，但是又不能积水。

4. 麦克琳百合 *Lilium mackliniae* Sealy

概　述

麦克琳百合（*Lilium mackliniae*）又叫作曼尼普尔（Manipur）百合，仅仅分布于印度东北部的曼尼普尔邦乌克鲁（Ukhrul）地区，生长于海拔 1 730～2 590 m 的山地草坡上或灌木丛边。西方最早发现麦克琳百合的是英国植物猎人弗兰克·金登·沃德（Frank Kingdon Ward），他在 1946 年的一次野外考察中，在乌克鲁地区的施瑞伊山丘海拔 2 300 m 附近发现了这种美丽的百合，他以自己妻子 Jean Macklin 的名字命名这种百合为 *L. mackliniae*。金登·沃德发现麦克琳百合后不久，数以千计的麦克琳百合种球被挖掘出来寄到了欧洲和北美，很快轰动了欧美的园艺届；在 1948 年，英国皇家园艺学会授予麦克琳百合优秀奖，印度曼尼普尔邦也将其定为了邦花。麦克琳百合并不容易种植，它不是很耐寒，并且容易感染病毒，加之生境屡遭破坏，野生种植资源日益稀少，印度专门为其建立了保护区，多国科学家也持续地研究麦克琳百合的人工繁育及栽培方法[5-8]。

生物性状

麦克琳百合的鳞茎为球状，直径 2.0 ～ 5.0 cm；鳞片米白色或浅黄色，长1.5 ～ 2.0 cm，宽 1.0 ～ 1.5 cm；茎长 40 ～ 90 cm，绿色，带红棕色；地下部分茎段生根，长 10.0 ～ 15.0 cm；叶散生，披针形，长约 10.0 cm，宽约 1.0 cm，有叶脉 3 条，两面无毛，无叶柄，叶腋处有白色绒毛。

麦克琳百合花期在 5 ～ 7 月，总状花序，每株可开花 1 ～ 5 朵，花朵下垂，钟形；花梗长 1.2 ～ 2.5 cm；花被片白色到浅紫色，背面具淡紫色，倒卵形，外轮花被片长约3.4 cm，宽约 1.2 cm，内轮花被片长约 3.4 cm，宽约 1.6 cm；花丝长约 1.4 cm，绿色，花药棕红色，花粉褐色；子房圆柱形，长约 0.8 cm，花柱长约 1.8 cm，绿色，无毛，前端膨大，3 裂[9]。

麦克琳百合的种子萌发类型为子叶出土型，整个萌发过程需要在适温下保湿20 ～ 50 d。麦克琳百合染色体数量为 2n = 24。

引种栽培情况

麦克琳百合曾被大量挖掘送到西方的园林，但是它的培育是有一定难度的（需要和自然分布区相近的环境），所以现在在欧美国家的园林也不是很常见；麦克琳百合喜爱凉爽潮湿的环境，在这样的环境下它会生长良好，但它在干热的环境才能散发香味。栽培麦克琳百合的最佳基质是富含腐殖质的偏酸性的排水良好的土壤；麦克琳百合生长期需要大量的水分，因此，栽培时要注意保湿和适度的遮阴。

5. 豹纹百合 *Lilium pardalinum* Kellogg

概　述

豹纹百合（*Lilium pardalinum*）是一种美洲原生百合，是百合属根茎组（Sect. Pseudolirium）的一员，此类百合只在美洲有分布，中国不产。豹纹百合主要分布于美国的加利福尼亚州，俄勒冈州也有部分地区有分布，生长于海拔 0 ～ 1 600 m 的山林中潮湿的地方，比如溪流边。豹纹百合健壮易栽培，花色艳丽且带香味，是优良的庭院美化作物，曾获英国皇家园艺学会的花园功绩奖。Hyoung Tae Kim 等人测了豹纹百合质体全序列，发现共有 133 个基因，通过和其他 22 种百合属植物的 ndhF 和 ndhG 基因序列进行比较，发现豹纹百合和多数根茎组百合有紧密亲缘关系[10]。

生物性状

豹纹百合鳞茎为球形，生长过程中通常蔓延生长，会长成根状，多数还会分枝；鳞片黄白色，分节，长 1.0～3.3 cm；茎长 100～230 cm；豹纹百合叶轮生，每株有 1～8 轮，另有少数叶片散生，叶片披针形，长 4.0～27.0 cm。

豹纹百合花期在 7～8 月，总状花序或伞形花序，每株可开花 10～20 朵，最多可达 50 朵，花朵下垂，有光泽，有香味或无气味；花被片强烈反卷，基本为明亮的橙黄色，前端变成深红色，在橙黄色的地方密布褐色斑点，花被片长 3.4～10.4 cm；花丝浅绿色，向四周分散；花药长 0.5～2.2 cm，巧克力棕色，花粉巧克力棕色；子房圆柱形，长 1.4～2.2 cm；花柱长 3.0～8.0 cm，前端膨大，3 裂。

豹纹百合蒴果长椭圆形，长 2.2～5.7 cm，宽 1.2～2.1 cm；种子褐色，种子萌发类型为子叶留土型，整个萌发过程需要在适温下保湿 30～75 d。豹纹百合染色体数量为 2n = 24。

引种栽培情况

豹纹百合是美洲原生百合中较容易栽培的一种，其需要排水良好的富含有机质的酸性土壤，耐石灰但并不喜欢含石灰质的土壤；在生长期应给予豹纹百合充足的水分，尽量保持土壤湿润，但开花后要保持土壤干燥，防止鳞茎腐烂；此外，在幼苗期还要进行适度的遮阴。

参考文献：

[1] Niimi Y, Watanabe H. In vitro propagation of *Lilium rubellum* Baker; Especially on bulblet formation of stem segments[J]. Engei Gakkai Zasshi, 1982, 51（3）:344–349.

[2] Niimi Y, Endo Y, Arisaka E. Effects of chilling– and GA3–treatments on breaking dormancy in *Lilium rubellum* Baker bulblets cultured in vitro[J]. Engei Gakkai Zasshi, 1988, 57（2）:250–257.

[3] Niimi Y, Nakano M, Saito S, et al. Production of commercial *Lilium rubellum* Baker Bulbs: Effects of volume and renewal of liquid medium on in vitro growth, bulb rot infection during cold treatment, and post–in–vitro growth of bulblets[J]. Journal of the Japanese Society for

Horticultural Science, 1997,66（1）:113–119.

[4] Niimi Y, Misaki Y, Nakano M, et al. Production of commercial bulbs of *Lilium rubellum* Baker: Changes in carbohydrates in bulblets and sugars of liquid medium during their culture[J]. Journal of the Japanese Society for Horticultural Science, 2000,69（2）:161–165.

[5] Ranjan S M, Premi D M, Madhumita D, et al. An efficient protocol for in vitro regeneration and conservation of Shirui lily （*Lilium mackliniae* Sealy）: a lab–to–land approach to save the rare endangered Asiatic lily species[J]. Vitro Cellular & Developmental Biology Plant, 2018,54.

[6] Devi M P, Sahoo M R, Dasgupta M, et al. Standardization of in vitro regeneration protocol for conservation of shirui lily （*Lilium Mackliniae*）–An endangered heritage flower under changing climatic conditions[J]. Procedia Environmental Sciences, 2015,29:288.

[7] Kee–Hwa Bae, Eui–Soo Yoon. Plant regeneration through the callus culture induced from bulb scales of an endangered species *Lilium cernum* Komarvo[J]. Journal of Plant Biotechnology, 2013, 40（2）.

[8] Mao A A, Fay M F, Fay M F, et al. In vitro culture of *Lilium mackliniae* sealy, a rare endemic species[J]. 2002,7（3）:239–245.

[9] Mao A A, Gogoi R. *Lilium Mackliniae* sealy an endemic lily of North East India, its distribution and status in the wild[J]. Indian Forester, 2013,139（2）:170–174.

[10] Hyoung T K, Peter J Z, Ki–Byung L. Complete plastome sequence of *Lilium pardalinum* Kellogg （Liliaceae）[J]. Mitochondrial Dna Part B, 2018,3:478–479.

七、百合的商业育种

（一）商品百合育种概况

百合目前已经是世界四大切花之一，荷兰是商品百合主要种植国，种植面积超5 000 hm²。目前，商品百合种类已达数千种之多，可分为9个种系，分别是星叶百合杂种系（Martagon Hybrids）、美洲百合杂种系（American Hybrids）、白花百合杂种系（Candidum Hybrids）、东方百合杂种系（Oriental Hybrids）、亚洲百合杂种系（Asiatic Hybrids）、喇叭形百合杂种系（Trumpet Hybrids）、麝香百合杂种系（Longiflorum Hybrids）、各分部间杂交系（Interdivisional Hybrids）和野生物种（Species），各商品百合种系和各野生百合组之间的关系如图7.1所示。RHS（英国皇家园艺学会）是商品百合新品种的注册机构，编辑并出版了2007年国际百合注册和检索表，以及随后的5份补充文件。

野生百合的人工栽培历史已经很悠久了，但到目前为止，商品百合的育种历史大约只有200多年。最早的百合育种是在日本进行的，后来美国和荷兰成了商品百合的主要培育国和栽培国。

大约在距今250年前，一些日本园丁开始了百合的人工杂交育种，并成功培育了多个杂交种，现代细胞学检测发现，这些日本早期培育百合杂交种的亲本主要是毛百合 *L. dauricum* 和渥丹 *L. concolor*。大约在1830年，Sicbold将几种日本杂交百合带到了欧洲，荷兰和英国等国也开始了百合杂交育种；在20世纪最初的十年，美国的一些育种学家用卷瓣组 Sect.Sinomartagon 的百合相互杂交，产生了多个新的杂交种，至此商品百合的第一个杂种系——亚洲百合杂种系（Asiatic Hybrids）诞生了。

亚洲百合杂种系中最有名的是由扬·德·格拉菲（Jan de Graaff）于1944年培育出的品种"Enchant"，"Enchant"是第一个获得品种专利的商品百合，曾经在荷兰种植面积超过 700 hm²（1977 年）。扬·德·格拉菲是位于美国俄勒冈州鳞茎种植场的负责人，该种植场是一家荷兰公司的分支机构，当时该公司主要生产郁金香、水仙和鸢尾，但是扬·德·格拉菲却着迷于百合花，收集了大量百合花种质资源，然后开始进行繁殖和育种，在培育亚洲百合杂种系方面取得了巨大的成功，并使美国俄勒冈州鳞茎种植场一度成为全世界最大的商品百合鳞茎供应商。

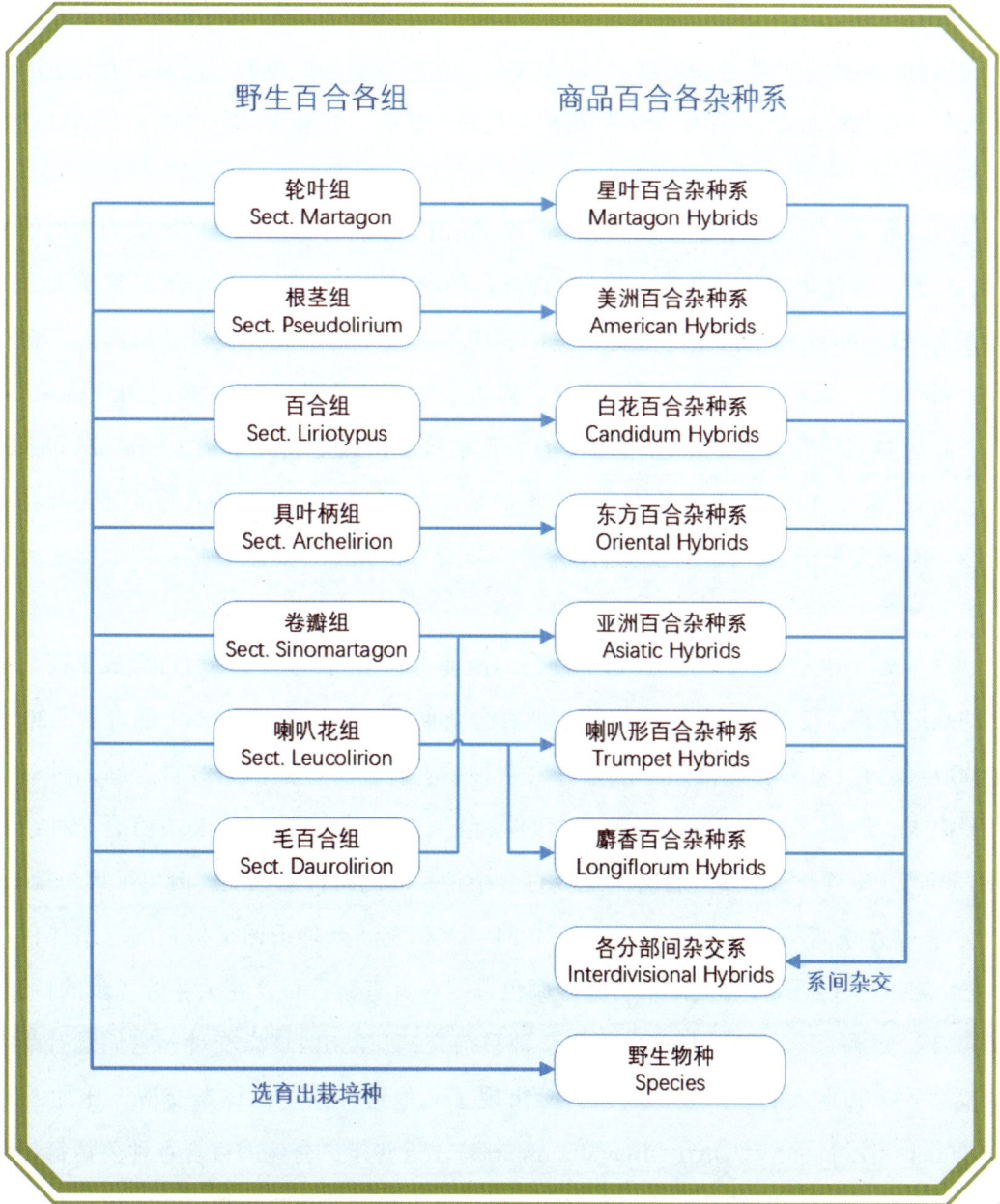

野生百合各组　　**商品百合各杂种系**

- 轮叶组 Sect. Martagon → 星叶百合杂种系 Martagon Hybrids
- 根茎组 Sect. Pseudolirium → 美洲百合杂种系 American Hybrids
- 百合组 Sect. Liriotypus → 白花百合杂种系 Candidum Hybrids
- 具叶柄组 Sect. Archelirion → 东方百合杂种系 Oriental Hybrids
- 卷瓣组 Sect. Sinomartagon → 亚洲百合杂种系 Asiatic Hybrids
- 喇叭花组 Sect. Leucolirion → 喇叭形百合杂种系 Trumpet Hybrids
- 毛百合组 Sect. Daurolirion → 麝香百合杂种系 Longiflorum Hybrids
- 各分部间杂交系 Interdivisional Hybrids（系间杂交）
- 野生物种 Species

选育出栽培种

图 7.1　商品百合各杂种系和野生百合各组间的关系

最早的东方百合杂交种出现在美国，在 1869 年，美国育种学家用 *L. auratum*（天香百合）和 *L. speciosum*（美丽百合）培育出第一种东方百合杂交种 *L. x parkmanii*，该杂交种被收录于 Elwes 的 *Monograph of the Lily* 中，但可惜的是该品种容易感染病毒病及镰刀菌，在栽培过程中逐渐消失了。

扬·德·格拉夫（Jan de Graaff）在 1949 年培育出东方系百合杂交种"中国女皇"，1950 年又培育出东方系百合杂交种"日本女皇"和"印度女皇"。"中国女皇"花被片为纯白色，带有一些紫色的斑点，"日本女皇"花被片也是白色的，但是带有金色的中间带和深棕色的斑点，"印度女皇"花被片是粉红色的，具有深红色的中心和暗红色的乳突。

1957 年，莱斯利·伍德里夫（Leslie Woodriff）在北美百合学会的展览上展出他培育的东方系百合杂交种"黑美人"，在百合育种者中引起了极大的轰动。"黑美人"具有 *L. speciosum* 杂种中最暗的红色，它的花中心几乎呈黑红色，此外"黑美人"在抗病性和产花能力方面也非常优秀，一株"黑美人"最多可开花达 56 朵！SL Emsweller 博士随后对"黑美人"的染色体进行了细胞学检查，确定其亲本为 *L. speciosum* var. *punctatum* 和 *L. henryi*（湖北百合）。不幸的是，"黑美人"无论是自花授粉还是异花授粉都不能产生种子，因此不能将其用作进一步育种的亲本，否则肯定可以取得更大的影响。

第二次世界大战后，荷兰开始了百合的商业育种活动，1970 年后百合成了荷兰主要的栽培花卉，荷兰一开始主要进行亚洲百合杂种系（Asiatic Hybrids）的育种，20 世纪 90 年代荷兰育种公司聚焦于东方百合杂种系育种，一些杰出东方百合新品种被培育了出来，例如，索邦（Sorbonne）和西伯利亚（Siberia）。在进行东方百合杂种系育种的同时，荷兰开始了麝香百合与亚洲百合杂种系间的跨种系杂交，诞生了第一批 LA 杂交种，LA 系商品百合通常是由二倍体 F1-LA 和亚洲杂种系回交得到的三倍体，这些 LA 杂种具有亚洲百合杂种系的所有颜色，同时具有麝香百合花朵芬芳优雅的特性；2000 年，麝香百合杂种系与东方百合杂种系杂交，开发出 LO 杂交种，它们具有令人愉悦的香味和迷人的花形 [1]；后来，又出现了其他跨种系三倍体杂交群，比如，OT（Oriental × Trumpet）和 OA（Oriental × Asiatic）。近些年，荷兰的百合育种公司每年大约会发布近 100 个商品百合新品种，在世界上处于绝对的领先地位；2002 年，荷兰的商品百合种植面积达到了 4 368 hm²，其中 LA 杂交种的种植面积约为 590 hm² [2]。目前，在世界范围内栽培商品百合主要是 7 个杂交系，即：O（Oriental Hybrids）、A（Asiatic Hybrids）、L（Longiflorum Hybrids）、T（Trumpet Hybrids）、LA（Longiflorum × Asiatic）、LO（Longiflorum × Oriental）和 OT（Oriental × Trumpet），其中 LA 等跨种系杂交群的种植面积已经超过亚洲百合杂种系和东方百合杂种系的种植面积。

除了已经开发的 7 个主要杂交群外，还有一些野生百合物种也有巨大的商业潜力，比如，百合组的 L. candidum 和 L. monadelpum，根茎组的 L. pardalinum 和 L. canadense，轮叶组的 L. martagon 和 L. hansonii，卷瓣组的 L. nepalense、L. bakerianum 和 L. henryi。尽管从 20 世纪 80 年代起，分子辅助育种技术就已经应用于商品百合育种，但目前用于促进野生百合物种性状向商品百合品种渗透的技术主要还是传统杂交育种技术。近年来，分子辅助育种技术在商品百合育种中发挥了越来越重要的作用；2010 年，2 个百合群体的综合遗传图谱已经发表 [3]，其中包含了 6 个抗镰刀菌的 QTLs；未来与园艺性状相关的 DNA 序列将在不同百合基因组间转移，从而使育种学家能够组合出有利的复杂性状，这可能包括引入新的颜色，不同的花形，更强的非生物和生物抗逆性，从而培育出更加多姿多彩的商品百合新品种。

（二）百合育种技术

育种是一个重新组合生物性状或诱导产生新的生物性状的过程。植物的生物性状很多，可以达数千种之多，以百合为例，育种中考虑的生物性状包括：鳞茎、叶片和花朵的形状；鳞片的数量和颜色；花的朝向；花瓣的大小和形状；花色的深浅；蜜腺的颜色；花瓣上斑点的数量、颜色、大小和分布模式等；还包括植物不那么明显的属性，比如，抵抗疾病的能力，对霜冻的耐受性，对某些类型土壤的适应性等。

遗传学是植物育种的基础，通过遗传学的学习我们知道纷繁复杂的生物性状都是由染色体上的基因所决定的，至少一个基因负责一个性状，通常是多个基因共同决定一个性状。基因可以传递给后代，并在杂交过程中发生重新组合，而不同的基因组合类型可以产生不同的表型，基因发生变化以后也可能产生新的表型，正因如此，我们才能培育出新的植物品种。

育种者必须要学会识别及区分各种生物性状，哪怕是极其微小的差异，一些微小的几乎难以察觉的性状变化有时会比壮观的颜色变化带来更大的整体改善，例如，花梗的长度，更长的花梗会使花朵看上去更加优雅；再比如，花瓣的卷曲程度，平坦的花瓣会比弯曲的花瓣看上去更加宽大；诸如此类的细节会使新杂交品种能够取代较旧的杂交品种，并提高园艺商品价值。

育种过程中需要对每棵植株进行细致的记录和编号，否则事后很难确定其来源，很难清楚知道杂交后代从亲本中继承了哪些想要的性状，消除了哪些负面的性状。育种过程中还应该尽量多地繁育杂交种，多做备份，不然可能会因为一些难以预料的事件导致整个育种工作的失败；比如，E. Debras 进行 *L. sargentiae X L. henryi* 的杂交，但是仅仅收获了两粒种子，尽管两粒种子都发芽了，但栽培过程中死亡了一株，幸亏还有一棵幼苗活了下来，不然整个育种工作就失败了。

近百年来，百合在国际花卉市场上的重要性不断提升，在我们花园中的普及程度也不断提高，可以说商品百合育种工作对这样的变化起到了决定性的作用，多达几千种的商品百合提供远超野生百合的丰富的株型、花形及花色等性状，满足了人们多样的审美需求；而且相对多数野生百合物种而言，许多商品百合具有更好的环境适应力，更强的病虫害抗性，对普通种植者而言是更容易栽培的。

目前，绝大多数的商品百合都是通过一些传统的植物育种方法获得的，比如，杂交育种、倍性育种和诱变育种。

1. 杂交育种

杂交育种是指人为的使两个不同品种或物种的亲本提供的雄配子和雌配子相互融合，从而产生杂交种子；杂交种子产生的杂种后代可能会具有双亲的一些生物性状，也可能和亲本在各方面差别巨大。

杂交育种无疑是百合育种中最有趣的部分，美国的简·德·格拉夫（Jan de Graaff）是世界上最著名的百合育种家之一，他一生通过杂交培育出了上百种商品百合，他在俄勒冈的百合育种公司曾经是世界上最大的百合育种商，一度控制着世界商品百合市场。除了专业育种家之外，一些百合育种爱好者也为现今丰富多彩的商品百合做出了贡献，比如，美国贝灵汉的 L.N.Freimann 用了 14 年的时间，不断地进行杂交、选择，终于培育出了黄色的帝王百合，命名为 Golden Regal，黄色的帝王百合曾经是无数专业育种家的目标，最终被 L.N.Freimann 这位业余的百合育种爱好者实现了。

育种工作者在杂交育种过程中，要进行持续的杂交和选择，他们对杂种的选择标准是非常严苛的，达不到育种目标的杂种都将会被淘汰，育种过程中会丢弃成千上万种继承了父母亲本不良性状的杂种，被丢弃的杂种的数量远远超过最终被保留下来的商品百合的数量。育种工作者在做选择的时候要综合考虑植物的各个特征，不光要考虑花朵的形状、大小和颜色，还要考虑每株开花的数量、花朵间的间距、花梗的长度、花朵的朝向、叶子的数量、叶子的颜色、主茎的高度、生长的速度、抗病菌能力、抗病毒能力、抗寒能力、抗高温能力、抗旱能力、抗涝能力和抗贫瘠能力等，每个细节都得考虑到。当然不同性状在育种工作中的重要性可能是不一样的，不同的育种者可以根据自己的关切赋予不同性状不同的权重，从而通过打分进行一个综合的评比，拥有最大数量理想属性的杂交种会得到最佳的分数，只有当育种者对自己的新植物感到满意时，才会安排大规模的繁殖。新百合的育种是一个耗时耗钱的过程，一次次的杂交实验及随后杂交种在温室里的培育过程都会花费大量的时间和金钱，而许多杂交种却因为种种原因得不到广泛推广，一段时间后又被抛弃了，不得不说是非常令人遗憾的。

并非每种百合都能与其他百合杂交，只有彼此亲缘关系密切，才能相互交融，但是亲缘关系密切的两种百合也不是就一定可以成功杂交，要确定两种百合相互间的亲和性，最稳妥的方法就是通过实验。除了物种间的亲和性外，杂交能否成功还受到诸多因素的影响，比如，温度、空气湿度等；通常，晴朗温暖的天气有利于杂交实验成功，而寒冷多雨的天气则不宜进行杂交实验。

两种百合之间一次杂交的失败并不能证明它们就是不亲和的，要证明两种百合不亲和需要进行多次的杂交实验，要选择两个亲本品种或物种的多个植株进行杂交，要进行正反交，并且在可能的情况下，应在不同环境和不同天气条件下进行杂交，只有在各种情况下都不能成功杂交才能证明两种百合是不亲和的。

杂交两种百合，一般是人为地将一种百合的花粉（雄性配子）转移到另一种百合的柱头上，花粉吸收柱头分泌的养分，花粉粒产生花粉管，花粉管穿过花柱达到子房，在子房中与雌性配子相融合。在柱头上洒落的花粉数量越多，成功受精的可能性越大，为了在秋季能获得最大数量的种子，必须要有足够的花粉才能使卵巢中的数百个可用卵细胞受精。

同一物种的两个植株间的杂交是比较容易成功的，亲缘关系密切的两种百合间的杂交也是比较容易成功的，比如川百合与川百合间的杂交是很容易成功的，川百合和与其亲缘关系密切的兰州百合间进行杂交也是容易成功的，但是川百合和天香百合或美丽百合间进行杂交是不会成功的，因为它们之间的亲缘关系太远了，川百合属于卷瓣组，天香百合和美丽百合属于具叶柄组。不同组百合之间杂交成功的例子是很少见的，但也不是完全不能成功。例如，1925 年，法国奥尔良的 E. Debras 用 *L. sargentiae* X *L. henryi* 得到了杂交新种 *L. x aurelianense*，*L. sargentiae* 属于喇叭花组而 *L. henryi* 属于卷瓣组，但近年来通过 ITS 序列比较发现 *L. sargentiae* 和 *L. henryi* 其实亲缘关系是非常密切的 [4]。

杂交中除了远缘杂交不亲和性外，还存在自交不亲和性，自交不亲和即自花授粉不能成功，如果自交不育植株通过鳞茎繁殖得到无性系，那么从无性系获得的所有植株都是自交不亲和的，同时它们相互之间进行异花授粉也不能产生种子。

除了遗传上的先决条件外，要杂交成功花粉还必须是有活力的，衰老的花粉或被雨水破坏的花粉很难成功授粉；此外，要成功受精柱头也必须到达成熟状态，柱头的成熟状态通常是在花开放后的一段时间，此时柱头会分泌出一种黏性的含糖物质，可以将花粉粘住；一旦柱头撒满了花粉，再进行授粉就是没有用的了，但如果柱头上撒满的是植株自己的花粉，用另一种物种花粉进行授粉，则有可能产生杂交种子。

有一种杂交的方法是利用多种百合的混合花粉对多种百合进行授粉，该方法有可能突破远缘杂交的不亲和性产生杂交种子，并加快花粉亲和力的测定速度，随后可以通过不同个体之间的两两杂交来进一步确定；这种用混合花粉授粉的方法得到的种子，遗传物质是很不一致的。

杂交中的自交不亲和性和远缘杂交不亲和性有时候可以通过施用外源激素来克服，例如，可以将萘乙酰胺溶解于预先加热和液化的羊毛脂中，将冷却后的混合物涂抹于百合花子房的底部，通过这种方法使得多种百合克服了自交不亲和性。

进行百合的杂交实验是不困难的，百合花朵一般较大，花药、柱头、子房都比较大，花粉容易收集，人工授粉也是比较容易操作的。昆虫、风和植物的物理震动是授粉的自然方式，人工异花授粉的时间应早于自然授粉的时间，这样才能确保自然散落的亲本花粉或随空气飘来的其他花粉不破坏杂交实验。

通常杂交授粉前，应该去除杂交母本的雄蕊，百合的人工去雄通常是在清晨，在花朵开放前或刚开放的时候，用镊子将仍闭合的花药去除，接着从杂交父本取下刚裂开的花药，之后再进行人工授粉；人工授粉通常有两种方式，可以直接用花药接触杂交母本柱头，也可以用毛刷将收集的花粉涂抹于杂交母本柱头上；人工授粉后为了避免其他的花粉干扰实验结果，可以用一个小的铝箔罩保护受过粉的柱头，并做好相应的标记，通常标记应包括实验编号、杂交时间和亲本信息，标记固定在杂交母本植株上，并应用防水材料加以保护；授粉后 2～3 周，如果子房开始肿胀，说明成功受精，产生了杂交种子。

杂交所用的花粉可以是从花上新鲜采集的，也可以是几天前甚至几周前采集的花粉，当然提前收集的花粉需要用一定的方法进行保存，一般百合花粉收集后经过适度的阴干，置于干燥器中，保存于 –2℃ 的环境，可以维持 1 个月左右的活力，有利于不同花期百合的杂交受精；用玻璃管或铝箔包装的百合花粉可以长途运输，有利于不同国家的育种者进行交流。

如果要成功进行杂交授粉，必须做到以下几点：确保授粉过程使用工具的洁净；在花刚开放或未开放前做好去雄处理；确保柱头上花粉的高覆盖率；确保没有其他花朵的花粉污染柱头；保证花粉储存容器的清洁度及正确的标记；这些注意事项非常重要，否则无法确保获得的杂交后代来自育种双亲，整个杂交实验也就没有意义了，这会极大地浪费育种者的时间。

人工授粉通过杂交两个不同的百合品种或物种，可以生产杂种，这为大量不同颜色和形状的百合花的诞生打开了大门。作为杂交的结果，双亲的遗传特征按照孟德尔遗传规律分离和组合，两种百合杂交产生的后代称为杂种子一代（F1），杂种子一代（F1）可与其父母回交得到回交一代（BC1），也可以 F1 代的植株间相互的杂交得到杂种子二代（F2）。F1 代和父母亲本的每一次杂交都会增强被渴望的父母性状出现在回交后代的概率，育种者的艺术在于对杂交后代群体的选择，通过选择使得育种者所追求的、希望加强的或固定（选择）的特性得以保留。

有时候杂交获得的种子即使包含胚，也可能无法发芽，S.L.Emsweller 博士在进行 *L. speciosum* 与 *L. auratum* 的杂交时就发现了这一点，S.L.Emsweller 博士从仍然是绿色的种子中取出胚，将胚用组织培养的方式进行人工培养，解决了该杂交种子不育的问题。后来发现，该杂交种子的不育是因为三种有机酸起到了生长抑制剂的作用，将种子浸泡于水中 15 小时可以去除这种抑制作用。

2.诱变育种

诱变育种是利用一些物理的或化学的诱变方法人为地提高育种对象的突变频率，使育种对象部分基因发生改变从而产生新的性状。物理的诱变方法主要有利用紫外线、X射线、α射线及γ射线等物理射线照射育种材料，而化学的诱变方法主要是利用烷化剂、天然碱基类似物及叠氮化物等化学诱变剂浸泡或涂抹植物材料。诱变导致的基因变异绝大多数情况下对植物是不利的，往往导致植物或其后代畸变或不育，少数情况下会产生一些对植物生活有利的或具有观赏价值的新的性状。

3.倍性育种

倍性育种是通过改变育种对象染色体的数目，打破育种对象原有的代谢平衡，从而造成育种对象的一些生物性状发生改变。多倍体植物相对二倍体植物会具有更多数量的基因，部分基因由于数量增加会得到更多的表达，从而产生更多的相关代谢产物。因此，多倍体植物通常细胞更大、植株更强壮、花朵更大、花色更深、花香更浓；而单倍体植物只具有一套基因组，基因数量少于二倍体植物，往往造成植株的小型化，而且由于不能正常的减数分裂产生配子，单倍体植物是不育的；由于诱变或多倍体亲本间的杂交，还可以产生一些非整倍体突变植株，这些非整倍体的植株有时会产生一些意想不到的性状变化。

1935年，美国四位研究人员A.F.Blakeslee，A.G.Avery，B.R.Nobel和M.L.Ruttle使用秋水仙碱溶液处理植物的种子或幼苗，成功地使每个细胞核的染色体数目加倍。秋水仙碱是从秋水仙花中提取的一种剧毒生物碱，这种毒素在细胞分裂过程中起作用，它能破坏纺锤体，使染色体停滞在细胞分裂中期，使细胞染色体数量加倍。

我们知道百合的细胞通常含有12对，24条染色体，四倍体百合的染色体是二倍体百合的两倍，即有48条染色体，这种差异使四倍体百合具有更大更厚的叶子，更高更强壮的茎和更大更香的花，这些特征正是许多育种者的育种目标。S. L. Emsweller用秋水仙碱处理二倍体百合杂种Cavalier，得到了更为强壮的四倍体杂种；用秋水仙碱处理二倍体麝香百合也得到了几种花更大且更有活力的商业品种。

四倍体百合的花粉大于二倍体百合的花粉，叶片下表面的气孔也大于二倍体百合；二倍体百合与四倍体百合杂交也可产生种子，但该种子是三倍体，共有36（3×12）条染色体，通常是不育的。染色体数目加倍还可以用于使不育杂种恢复育性，比如，不育的异源二倍体通过秋水仙碱处理使染色体加倍成为异源四倍体后就变得可育了。

百合诱导多倍体可以用鳞片为材料，为了刺激细胞分裂，首先将选取的百合鳞片放在温暖的条件下保存几天，然后将鳞片折断的边缘浸入 0.5%～2.0% 的秋水仙碱溶液处理两个小时，用抗真菌剂处理后晾干，在潮湿和温暖的条件下遵循正常的鳞茎鳞片繁殖方法。用这个方法处理分化出小鳞茎有少量的会成为多倍体小鳞茎，为了增加成功的概率就要使用大量的鳞片进行处理。除了鳞片外，获得多倍体也可以用百合种子和幼苗为材料，实验表明，用 0.5%～2.0% 的秋水仙碱溶液处理百合种子和幼苗 2～10 小时获得多倍体的效果最好。

百合的育种还有着巨大的潜力，许多野生百合种质资源还没有应用到商业百合育种中，此外，分子辅助育种技术的不断进步为育种者提供了更加强大有效的育种方法，相信随着新的种质资源和新的育种技术的引入，还会有大量的商品百合新品种被培育出来。

参考文献：

[1] Grassotti A, Gimelli F. Bulb and cut flower production in the genus *Lilium* current status and the future[J]. Acta Hort, 2011,900:21-36.

[2] Tuyl JMV, Arensvan P. *Lilium*: Breeding history of the modern cultivar assortment[J]. Acta Hortic, 2011(900):795-796.

[3] Shahin, A, Arens P, Van H, et al. Genetic mapping in *Lilium*:mapping of major genes and QTL for several ornamental traits and disease resistances[J]. Plant Breeding, 2010, 130(3):372-382.

[4] Nishikawa T , Okazaki K , Uchino T , et al. A molecular phylogeny of *Lilium* in the internal transcribed spacer region of nuclear ribosomal DNA[J]. Journal of Molecular Evolution, 1999, 49(2):238-249.

八、百合的繁殖与种植技术

（一）百合的繁殖

百合的繁殖方法主要有营养繁殖和种子繁殖两类。

1. 营养繁殖

营养繁殖是指利用百合的一部分组织和器官繁育出与其亲本完全相同的植株，该过程可以多种方式进行，该类繁殖方式属于无性繁殖，后代植株遗传组成和亲本一致，该类方法是繁育不育杂种的唯一方法。

（1）鳞茎分球法

有的百合在鳞茎的旁边会产生许多小的鳞茎，例如，卷丹和川百合的一些杂交种就是这样，如果把小鳞茎从主茎上取下来栽培，有的较大的小鳞茎甚至第二年就能开花。因此，每年都可以检查鳞茎是否产生了小鳞茎，把小鳞茎取下单独栽培，不但繁殖了百合个体，而且可以防止不断增长的鳞茎丛减弱植物生长和开花能力。这项工作应该在春天和秋天的早期完成，这时不光是分离鳞茎的正确时间，也是移栽鳞茎的正确时间。根茎组的百合，如 *L. canadense* 和 *L. pardalimim* 等，它们的小鳞茎发生于较粗壮的地下根茎或匍匐茎上，可以用一把锋利的小刀将它们分开，然后进行单独的种植。如果要保持植株生长旺盛，那么每隔几年就要做一次这样的分割。

（2）地下茎上小鳞茎繁殖

春季开始生长时，一些百合包括 *L. davidii* var. *willmottiae*，*L. lankongense*，*L. wardii*，*L. duchartrei* 和 *L. nepalense* 会产生地下匍匐茎，这些匍匐茎在地下游荡，后会从离鳞茎有一段距离的地方穿透土壤表面，在穿出土壤表面前，地下匍匐茎上就开始分化产生小鳞茎，如果鳞茎种植的深度较深，那么匍匐茎上产生小鳞茎的机会和数量也就越大，每年都可以将这些小鳞茎取下单独栽培，秋初是进行这种操作的最佳时期。除前面列举的几种百合外，喇叭花组百合、欧洲百合和 Aurelian 杂种的地下茎也可以产生小鳞茎，也可以通过这种方式进行繁殖。

（3）珠芽繁殖法

L. lancifolium，*L. bulbiferum*，*L. sargentiae* 和 *L. sulphureum* 会在它们的叶腋处产生小鳞茎，这些小鳞茎非常的小，如果在生长期去除花蕾将有利于这些小鳞茎的膨大。这种在叶腋处产生的小鳞茎被称为珠芽，它们可以在夏末秋初从叶腋取下像其他小鳞茎一样定植。如果将地上茎切成几段，并且将切下的茎段包括叶子在内埋于沙子和泥炭的混合物中，并保持在 20 ～ 25℃条件下，也可以在叶腋处产生珠芽。这种方法对一些百合的繁殖特别有价值，特别是在地上茎段发生了损伤的情况下，一些在正常情况下不产生珠芽的百合，在植株还没有形成花蕾时，也可以使用这种方法诱导产生珠芽。

（4）鳞片繁殖法

对多数种类的百合而言，用鳞片进行繁殖是最常用而且最有效的方法。在百合开花后，可以将百合鳞茎挖出，从鳞茎上取下一些健康饱满的外层鳞片，清洗，待伤口干燥后用抑菌剂进行处理，然后将鳞片置于 20℃左右的环境中，用湿润的无菌基质轻轻覆盖，通常经过 4 ～ 6 周时间，鳞片上就会产生小鳞茎，但是有的品种从愈伤组织分化出小鳞茎需要几个月的时间。用于覆盖鳞片的基质通常采用泥炭、蛭石和椰壳粉之类的无菌保湿透气的基质，整个过程要注意保持基质的湿润，但又不能积水。

如果需要在第二年春天将鳞片分化出的小鳞茎定植于花盆或露天苗床中，那么必须对小鳞茎进行一段时间的低温处理以诱导叶片生长，如果不进行这样的低温处理，小鳞茎的叶片发育情况可能非常差，甚至不能产生叶片。低温处理小鳞茎，可以将其置于凉爽的地窖或冷藏架自然过冬，也可以将其置于 2 ～ 8℃的冰箱冷藏室保存 2 ～ 3个月。小鳞茎定植前，需要将它们和鳞片小心地分开，避免根系的损伤。鳞片繁殖也可以采用扦插的方法，只将鳞片的一端插入湿润的基质中，同时做好保湿即可，其他处理类似埋片的情况。

2. 播种繁殖

播种繁殖是一种有性繁殖方式，通过播种繁殖得到的后代群体的遗传物质通常是不一致的，因此表面性状也会有所不同；但是，由纯系的种子繁育的后代其性状是稳定一致的。

播种繁殖首先要收集种子，当百合的花梗逐渐由绿色变为黄褐色后，就可以把蒴果剪下来，将蒴果放在温暖、干燥且通风良好的地方干燥2～3周后，可以将种子从蒴果中摇出来，收集起来，备用。百合的种子大概有两种类型：一种是快速萌发子叶出土型（Epigeal），这种种子萌发速度较快，散发叶片并在地表下形成鳞茎，卷瓣组百合、喇叭花组百合和它们的杂交种的种子多属于这种情况；另一种是延迟萌发子叶留土型（Hypogeal），该类型种子的发芽过程具有两个阶段，即温暖期和寒冷期，在寒冷期该类型种子会在地表面下形成小鳞茎，但可能几个月或一年都不会散发叶片，因此请至少等待一年，不要轻易做出不能萌发的判断，欧洲百合和部分根茎组百合的种子属于这种情况。

百合的播种通常在每年的1～2月进行，播种前要准备好育苗基质和育苗容器。育苗基质有很多不同的配方，通常采用泥炭、蛭石、珍珠岩、沙子或它们的不同比例混合物；育苗容器可以使用育苗盘、花盆或苗床。百合种子播种前最好先在水中浸泡3 d左右，并不时换水，播种时在湿润的基质上，每隔约2 cm放一颗种子，然后覆盖一层基质，覆盖厚度为种子直径的2～3倍，然后浇透水，覆盖上保鲜膜保湿，当种子发芽突破土壤表面后，需要立刻去除保鲜膜。

百合种子发芽比较理想的温度范围是15～20℃，育苗容器可放于室内，置于荧光灯或卤素灯下，也可以放在室外的阳光充足的地方，但是如果在温度较低的地区播种一定要将育苗容器放于室内。如果在室外苗床播种，除了要有保温措施外，同时还应采取措施保护幼苗免受大雨或冰雹等恶劣天气的侵害。幼苗发芽2周后，就可以用稀肥液进行浇灌了，平衡的水溶性肥料可以稀释至通常浓度的一半左右，每周可以施用一次；幼苗开始生长后，每月可以施用2次高氮素肥。

当春季霜冻期结束后，百合幼苗就可以定植到花盆或苗圃中了，这个时间通常在4～5月。大多数百合都喜欢中性或略带酸性的土壤，因此，为了安全起见，定植百合的土壤也最好是中性或略带酸性的土壤。

（二）百合种植技术

百合鳞茎由许多多肉质鳞片组成，没有像郁金香、风信子和番红花这样的外部保护层，因此不能忍受长时间的干燥存放。在聚乙烯袋中存放太长时间的鳞茎，鳞片干燥或起皱，这种鳞茎由于鳞片营养大量流失及受损的根系损害了其吸收营养的能力，鳞茎的寿命会降低，种植难度变大。所以，种植者在获取百合鳞茎时，应该尽可能减少鳞茎离开土壤的时间，从较近的地方获取鳞茎；邮寄鳞茎时应该将鳞茎装入聚乙烯袋，并用潮湿泥炭包裹鳞茎；收到鳞茎后，如果不能立即种植，应该将装鳞茎的聚乙烯袋放到低温阴凉处保存。

户外栽培百合第一步是选择种植地点，几乎所有种类的百合都要求有一个排水良好的种植环境，涝渍的土壤意味着它们必死无疑，自然排水良好的坡地是最好的，在平地则可以人工起垄或以花坛进行种植；百合的种植深度根据鳞茎的大小而有所不同，一般的种植深度约为鳞茎最大直径的 3 倍，播种时，在鳞茎下方的土壤应混入一些沙子或小石子，以确保良好的排水性，从而防止鳞茎腐烂。种植百合的土壤条件有时比种植百合的位置更加重要，不同种类的百合喜爱的栽培土壤各有不同，根茎组百合适宜用泥炭土栽培，圣母百合和欧洲百合喜欢富含天然白垩或石灰岩的土壤，卷瓣组多数成员喜欢富含腐殖质的环境。此外，大多数的百合花都喜欢部分遮阴的环境，栽培百合时还要想办法创建一个半阴的栽培环境。在百合生长期，采用薄肥勤施的施肥原则，液态肥料适用浓度为 0.05% ～ 0.1%，在茎叶快速生长期，每两周施用 1 次，采用的肥料应稍偏重氮肥和钾肥，如花宝 4 号；在百合开花前可以每两周施用 3 次液态肥料，施用的肥料应偏重磷肥和钾肥，如花宝 3 号。

后 记

　　百合是世界四大切花之一，深受世界人民的喜爱，我国百合花的栽培面积和消费数量逐年增加，成为我国园艺市场的重要组成部分。

　　笔者为阿坝师范学院教师，到汶川从教后，一次在汶川茶马古道上的野外科考，看到了川百合的火热，感受到了宝兴百合的优雅，呼吸到了岷江百合浓郁的芬芳，从此和百合花结下了不解之缘，于是开始了解百合、栽培百合、研究百合。在研究百合的过程中，笔者发现全面介绍中国野生百合的中文图书很少，现存资料往往偏重介绍某一种或几种百合，各类植物志又往往缺乏彩色照片，显得不够直观，几种野生百合甚至只有文字介绍，于是激发编著一本图文并茂的系统介绍中国野生百合图书的热情。经过将近4年的努力，十余次的野外科考，终于寻找到许多野生百合，进而探索栽培引种的方法，拍摄了画面清晰、形象逼真、生动有趣的精美彩色图片，结合简明扼要文字介绍呈现给读者。

　　《中国野生百合》之所以能顺利付梓，早日与读者见面，是与同行好友和吉林大学出版社的编辑老师的大力支持和热心帮助分不开的。在这里要特别感谢，他们分别是阿坝师范学院党委书记吴昊教授，阿坝师范学院资源与环境学院杨子松教授、余列副教授、梁剑教授、唐功教授等人，以及吉林大学出版社的邵宇彤编辑。谨向以上朋友表示由衷的敬意和谢忱。

李懿

二〇二一年八月于汶川